谨此

向伊朗空间局遥感中心遥感专家阿莫里（Abdolreza Ansari Amoli）致谢：他敏锐地从奇特的办姆地震云和办姆地震预测中发现并肯定地震云是可信赖的地震前兆，满腔热情地将这一发现介绍给世界，并将寿仲浩推上了联合国讲台。

向无偿为寿仲浩申请美国专利"地震精确预测与防止神秘空难、海难的方法"（US 8068985B1）的韩明辉律师致谢：

学富四海掌上千秋
义薄云天心中乾坤

本书得以成书付梓，寿文颖和方凌燕进行了大量的文稿修改工作，赖姆·苏里（Sri Ram）做了大量图像收录查找工作，天津大学元英进、姚卫东先生给予了大力的支持与帮助，在编辑过程中付出了大量的时间与精力，在此深深致谢。

另，向发表和报道寿仲浩地震蒸汽论文及预报成就的中外媒体，向以各自方式帮助过地震云学说的李－海兹律师事务所（Lee & Hayes Office）、韩律师事务所（Han Office）、徐承楠、哈林顿·达雷尔（Darrell Harrington）、陈孝坤、夏建军、陈一文、"小黑鸡"、丁国海、叶水珍、托马·莉斯（Liz Thoma）、邵娟娟、朱务民和所有为此进行传播或捐助的个人致谢！

寿仲浩
方　琰
2015－12－22

U0353505

DIZHEN ZHENGQI MOXING YU YUBAO

地震蒸汽模型与预报

寿仲浩　方琰　著

天津大学出版社
TIANJIN UNIVERSITY PRESS

图书在版编目(CIP)数据

地震蒸汽模型与预报 / 寿仲浩，方琰著.—天津：
天津大学出版社，2018.2
ISBN 978-7-5618-6067-0

Ⅰ.①地…　Ⅱ.①寿…②方…　Ⅲ.①地震预报－蒸
汽－地震预报模式　Ⅳ.①P315.75

中国版本图书馆CIP数据核字（2018）第032863号

出版发行	天津大学出版社
地　　址	天津市卫津路92号天津大学内(邮编:300072)
电　　话	发行部:022-27403647
网　　址	publish.tju.edu.cn
印　　刷	廊坊市海涛印刷有限公司
经　　销	全国各地新华书店
开　　本	165mm×239mm
印　　张	9.75
字　　数	210千
版　　次	2018年4月第1版
印　　次	2018年4月第1次
定　　价	58.00元

序

地震给人们带来巨大灾难,人们在观察地震前兆(例如地震的热现象、压力现象、动物反常行为、潮汐、氡异常、前震、地形变化和电磁前兆等)方面已经积累了大量经验,但目前仍没有获得一个机理将这些前兆与地震成功地联系起来,也没能说明这些前兆在地震预报应用中有没有虚报与漏报。地震预报有时间、地点、震级三要素,官方预报大多给出这三要素的明确区间,但无一例成功。民间预报则往往先在空间上给出一个点,在地震发生后通过无限扩大边界、时间以及震级区间来宣告其"成功",而这种扩大使这些所谓"成功"失去了价值。

1999年,寿仲浩在前人研究成果的基础上,结合自己对地震云前兆的观察与预报实践提出了一个崭新的理论——地震蒸汽理论。该理论可以解释种种奇异的地震现象,利用它可以进行准确的地震预报。该理论认为,当一块巨大的岩石受外力作用(包括人的作用)时,它的薄弱环节首先破裂,水渗入裂缝、膨胀、收缩、摩擦和腐蚀等作用进一步削弱岩石的内聚力。地面运动产生摩擦而生热,加热地下水;水产生的蒸汽逐渐积累,最终产生高温高压;当蒸汽达到一定压力时,它就会冲破裂缝,通过一个喷口喷出地面;蒸汽上升冷却形成地震云,或者蒸汽的热量融化部分已经存在的云导致云中无云区的奇异现象。寿仲浩将此定义为地热喷发。地震云和地震喷发与其他地质和气象现象有根本区别,它们以蒸汽为主,突然从一个固定汽源喷出,并伴有高温和高压。喷口通常预示震中,蒸汽量预示震级,地震一般会发生在一个完全喷发后的几天内。

这个理论的一个范例,就是著名的伊朗办姆(Bam)地震云。2003年12月20至21日,云突然从办姆喷出,像烟囱一样,不管风向变化而固定在办姆连续喷发了26个小时,利用这条地震云,寿仲浩于12月25日在网上预报办姆将发生大地震。次日，一个 6.8 级的大地震正好发生在办姆，这是这个无震区 3 000 年来唯一的大地震，震惊世界。寿仲浩为此撰写的论文《办姆地震预报与空间技术》入选联合国 2004 年年鉴，并由联合国作为实用新型技术推荐给所有的成员国。

寿仲浩利用这个理论，曾在 1994—2001 年间向美国地质调查局（U.S. Geological Survey，以下简称 USGS）预测 63 个独立的地震，每次预报都有时间、地点和震级三个明确的区间。这些预测按照美国专家"盯住看"的标准（即地震预报时间、地点、震级三要素丝毫不差），有 60% 以上是正确的。分析差错的原因，主要是由卫星图像、地震数据和作为开拓者的经验三问题造成。寿仲浩还在网上预报了 1 500 多次地震，成功率达到 80%。而一般来讲，随机猜测只有千分之一的概率能达到这样的水平。

2012 年，寿仲浩着手撰写本书。书中分析了各种地震前兆及传统的板块理论，并讨论了它们失败的原因；探讨了地震云的各种形态和外界环境对它的影响以及识别地震蒸汽与一般气象现象的区别；还揭示了地震预报中面临的许多问题。如果能够解决这些问题，世界上所有大地震就都能精确预报震中、震级、时间，地震的防灾与疏散将是完全可能的。这些研究已经申请到美国专利。

之所以写本书，将自己几十年研究成果展示出来，是想呼吁社会各界关心并共同克服卫星数据、温度数据以及地震数据的质量问题，让人们尽早避免灾难性地震的袭击，并以此献给在地震中死难的人们。

寿仲浩

目　　录

第1章

地震蒸汽模型

1999 年，寿仲浩（Shou，1999）首次提出地震蒸汽模型假说：巨大岩石的薄弱部分在外力作用下首先破裂，产生裂缝；水通过裂缝渗入，当岩石与水发生相对运动时，摩擦产生的热使地下水蒸气积累而产生高温高压；当压力达到一定强度时，它会通过裂缝喷出地面；蒸汽上升遇冷形成地震云。云尾指向震中，云的大小预示震级，从地震云喷发到地震发生最长时间可经验性地确定为 49 天。于是，地震云能够预报地震。

随着地震蒸汽模型的进一步发展，寿仲浩与哈林顿（Shou，Harrington，2005）提出一种被称为地热喷发的地震蒸汽新前兆。与地震云一样，地热喷发是由地震蒸汽突然喷发形成，且地震蒸汽伴有高温高压。与地震云不同的是，地震蒸汽的热量融化了部分已经存在的云，产生了一个云中无云区。根据更多的预报实例摸索、观察和分析，新的发展扩大了时间窗口：最长时间窗口从 49 天扩展到 104 天。但这个模型始终还存在两个难点：一是如何将时间窗口从几个月缩短到一个星期；二是如何在温热季节把预报的地点窗口缩小到一个点。

寿仲浩（Shou，2011）在美国专利 US 8068985B1 "地震精确预测与防止神秘空难、海难的方法"中从理论上解决了这两个问题。

本书采取国际时间（UTC），在某些特殊情况下用地方时间（LT）；温度单位用摄氏度（℃）；压力单位用兆帕（MPa）或标准大气压（atm）；坐标则按照美国地质调查局（USGS）的习惯用法，纬度放在经度前面，并用"+"表示北纬和东经，"−"表示南纬和西经，例如办姆（28.99，58.29）表示北纬 28.99°，东经 58.29°，里约热内卢（−22.54，−43.12）表示南纬 22.54°，西经 43.12°。

1.1　水渗透

地震蒸汽模型的关键是，地下水如何能够渗入几千米、几十千米甚至几百千米的地壳深处？下面笔者将阐述这个原理。在外力作用下岩石的薄弱部分首先破裂，表1 展示了美国南加利福尼亚州 1980—2012 年所有的大地震（震级大于或等于 6 级），还展示了这些大地震周围 10 km 范围内大量的小前震。因为大地震产生了巨大的裂缝，因此推断这些小前震必产生小裂缝。这些小裂缝不但减小了岩石的内聚力，还让水渗入裂缝。水的热胀、冷缩、腐蚀和摩擦进一步减小了岩石的内聚力。图1展示了北岭（Northridge）地震震源周围小前震的垂直分布。点A展示了1991年3月21日在北岭地震震源正下方0.2 km处发生的一个小地震。这证明了水不但能够渗透到震源而且能够渗透到更深处。

表1　美国南加利福尼亚州1980—2012年大地震（≥6级）和10 km范围内的小前震

序	日期	时间	纬度	经度	震级	深度/km	10 km范围内小前震	
							总数	震源深于大地震的数量
1	19830502	23:42	36.23°	−120.32°	6.1	10.2	22	1
2	19871124	1:54	33.09°	−115.80°	6.2	10.8	138	10
3	19871124	13:15	33.01°	−115.86°	6.6	11.2	558	33
4	19920423	4:50	33.96°	−116.32°	6.1	12.3	1 602	14
5	19920628	11:57	34.20°	−116.44°	7.3	1.0	520	461
6	19920628	15:05	34.20°	−116.83°	6.3	5.4	345	256
7	19940117	12:30	34.21°	−118.54°	6.7	18.4	79	5
8	19991016	9:46	34.59°	−116.28°	7.4	0.0	430	373
9	20031222	19:15	35.70°	−121.11°	6.5	7.0	37	7
10	20040928	17:15	35.81°	−120.38°	6.0	5.5	90	79

注：（1）上述数据来自美国地质调查局的南加利福尼亚州地震数据中心（http://www.data.scec.org/ftp/catalogs/SCSN/）。

（2）第一个大地震的小前震从1932年开始计算，其余的从1980年开始。最后一列显示震源深于大地震的小前震数。序号7、8分别表示北岭地震（Northridge）和赫克托矿震（Hector Mine）。

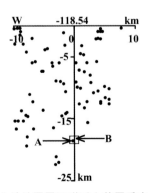

图1　北岭地震震源附近小前震垂直分布图

注：这张东西向垂直剖面图穿过1994年1月17日北岭地震震中（34.21，−118.54）。B指向的黑方框表示震源深度18.4 km。1980年1月1日至1994年1月17日，北岭震源10 km范围内发生的所有地震都用黑点投射到剖面上。A指向一个在1991年3月21日发生的比北岭地震震源还深0.2 km的小震。上述数据来于南加利福尼亚州地震数据中心。

钻石的形成提供了水渗透的另一个证据。一方面,化学理论和人造钻石的工艺过程展示了钻石的形成需要温度超过 1 000 ℃,压力超过 4 500 MPa,这就意味着在自然条件下深度超过 150 km。另一方面,钻石能够通过金伯利岩(Kimberlite)管从超过 150 km 深处到达地表(Cox,1978)。由此可知,水也能够达到这种深度。

除地震外,局部的气候变化(如风、雨、雪、冰、洪水、旱灾等)、地球物理运动(如火山、地面隆起、滑坡、地陷、洋流、地球转速变化、地球太阳月亮间引力变化、太阳黑子、陨石等)和人类活动(如钻井、爆破、采矿、运输、水坝建筑等)也可能导致裂缝。

博伊特(Boit,1978)强调了岩石中水与地震的关系。他描述了美国地质调查局 1969 年在西科罗拉多的兰奇利(Rangely)油田实验,水定期输入油井和从油井抽出。结果表明,水输入量与地震活动有紧密联系。他进一步提出,岩石中如果没有水的话就不可能有构造地震。

1.2　摩擦源

地震蒸汽模型认为,摩擦热蒸发地下水,形成前兆。许多过程都能产生岩石分子之间、水分子之间以及水与岩石分子之间的摩擦。有些是定期且有规则的,如太阳与月亮的相互作用产生固体潮、江海潮和大气潮,于是它们也能够产生裂缝内的地下水潮,固体潮与地下水潮能够引起上述摩擦。由地极摇晃和日长度以每世纪 1~2 ms 的变化(Landeck,1980)引起的地球转速的变化也能导致地球分子间的摩擦。

其他产生摩擦的物理过程是不规则的。气象过程(包括降水、温度变化、台风、龙卷风、洋流、干旱、洪水等)都能通过地球质量分布变化产生摩擦。例如 1975 年 7 月 31 日至 8 月 1 日,中国沈阳一场暴雨使倾斜仪产生了大变动(Haicheng Earthquake Study Delegation,1977)。地震与火山也能导致摩擦。霍普金(Hopkin,2004)指出,大地震能引起地球自转速率的变化,这种变化反过来引起摩擦。地震所产生的破裂、振动、滑坡、海啸等都能直接导致岩石与岩石、岩石与地下水、地下水与地下水之间的摩擦。

一些人类活动,如钻孔、钻探、爆炸、采矿、运输和建坝等,改变了地球的质量分布。由美国航天局和地质调查局科学家组成的地震研究小组发现,1996—2001 年洛杉矶地表的变化主要是由自来水公司储存和抽取地下饮用水所致(Clarke,2001)。这些人类活动也产生了岩石分子之间、岩石和裂缝中水分子之间以及裂缝中水分子间的摩擦。

不论摩擦来自于自然或人类活动,都会产生热量。在一个敞开的空间,例如大地、洋面,这些热量会散发到大气中。但在一个封闭的空间,例如在岩石裂缝中,地下水与种种摩擦所产生的热量就会逐渐积累导致高温。

1.3　高温

地震蒸汽理论认为,高温常常伴随地震。杨成双(1982)在文献中指出, 1975 年中国海城地震前的严冬,阳光照不到的冻结水库冰面竟有部分融化。又如, 2003 年 12 月 20 至 21 日,在伊朗办姆地震云喷发期间,克尔曼(Kerman)机场在 19：00—20：00 记录了地表温度从 12 ℃到 24 ℃的脉冲,这与办姆地震云喷发的时间吻合。2004 年 12 月 15 日傍晚,这个机场还记录了另一个 141 ℃的温度脉冲(Shou, et al., 2010),又与克尔曼地震群蒸汽喷发相吻合(Shou, 2006a)。

1976 年 7 月 28 日,唐山大地震提供了震前震后高温的大量例子。石慧馨等(1980)在文献中指出,在地震产生时,高热的喷发物烫伤一人;在离唐山 150 km 的北京万泉庄一口 7.8 m 深枯井产生"汽笛",大量的气体喷发从 7 月 26 日一直持续到唐山大地震前 5 小时。震后枯井继续喷发蒸汽,气柱高度达到 2.5 m,速度达到 38 m/s,声响达到 94 dB, 200 m 外就能听到声音。9 小时后一次 7.1 级地震在滦县发生。之后气柱又出现在 8 月 8 日和 8 月 9 日两次 6 级地震前。气体分析的结果表明, 12.9% 是二氧化碳,而正常大气中二氧化碳的含量仅为 0.04%。而石灰岩分解可以生成二氧化碳和生石灰,其中联系不言而喻。因为纯粹的碳酸钙和碳酸镁分解的温度分别为 848 ℃和 360 ℃,所以震中的温度应该在 360~480 ℃。四次"汽笛"预报四次地震这一事实,表明这些地震都是独立的。因此,前震、后震是一种误解。这种奇异的现象和地震之间的遥远距离暗示了用地球化学作为一个通用前兆的困难。

科学家用显微镜调查研究震中附近岩石的结构,发现了熔融、结晶和化学组成的突然变化(Koch and Masch, 1992; Maddock, 1992; Magloughlin, 1992; O'Hara, 1992; Spray, 1992; Swanson, 1992; Techmer, et al, 1992),用摩擦焊接法、热染色法和二氧化硅玻璃成分分析法,可进一步得出它们的熔融温度为 300~1 520 ℃ (Bowen and Aurousseau, 1923; Killick, 1990; Maddock, 1983; Passchier, 1982; Sibson, 1975; Spray, 1987; Tuefel and Logan, 1978; Wenk and Weiss, 1982; Winkler, 1979),因此震源的温度也在上述范围之内。哈斯(Haas, 1971)发现,水在 86 atm 压力下 300 ℃就能沸腾,因此 300~1 520 ℃能够使地下水沸腾。

1.4　高压

地震蒸汽模型假定在地下封闭空间内的高热蒸汽必然产生高压,而高压将伴随地震。石慧馨等（1980）在文献中指出，在唐山大地震前 11 天，一口封闭的油井喷出 20 m 高的油柱；莱恩和沃格（Lane，Waag，1985）指出，1983 年 10 月 28 日在美国爱达荷州博勒峰（Borah Peak，Idaho）7.3 级地震期间，水柱以 11 m³/s 的速度喷到 35 m 高。1999 年 9 月 20 日中国台湾 7.7 级地震喷出巨大的岩石，形成了一个 4 m 宽、40 m 深的洞（Huang，et al，2003）。图 2 显示了在唐山大地震期间水汽喷发在房屋无损的情况下冲破天花板的情形。

7−17　丰南县宣庄公社一平房内喷沙冒水，冲破了房屋顶棚（10度区）。
In the area of intensity 10, sand boiling and water spouting occurred to a house in Yizhuang Commune in Fengnan County and spoiled the ceiling.

图 2　唐山大地震期间水汽喷发冲破平房天花板

注：照片来自于中国建筑研究所（1986）。

吴起林和刘安建（1983）指出，在 1975 年 2 月 4 日中国海城 7.3 级地震前，10 号油井在 1974 年 11 月加压日产量为 4~17 t，到 1974 年 12 月自喷日产达 80~90 t；1974 年 10 月 8 日新 5 号油井的井底油压为 11.8 MPa，1974 年 10 月 11 日则上升到 13.9 MPa。张德元和赵根模（1983）指出，在 1976 年 7 月 28 日唐山地震前，8 号油井产量和 4 月份相比增加了 6 倍，和 6 月份的压力相比增加了 2~5 MPa。石慧馨等（1980）指出，在唐山地震前 5 小时，气流从离震中 165 km 以外的北京附近一口枯井中喷发。寿仲浩（Shou，2006b）从苏门答腊 9 级海啸地震 16.1 km 的深度产生地震云推测，震中的压力至少达到 155 MPa。

1.5　蒸汽喷发

地震蒸汽具有高温高压，因此一旦蒸汽压力超过主裂缝的阻力，蒸汽就会突然从震源通过主裂缝在地表的某个喷口喷发（图 3）。蒸汽上升遇冷成云，这就是地震云（Shou，1999）。有时热蒸汽碰到已经存在的云，它就会融化其中一部分而产生云中无云区，寿仲浩将这种现象定义为地热喷发（Harrington，Shou，2005）。这两种情况下，蒸汽不但包含气体状态的水，也包含不同大小的液滴。这种液滴含有热量并能形成地震雾，从而使地面升温（图 3）。有时少量的蒸汽能够通过小裂缝升到地面，形成震中和喷口之间的一个热带（图 3）。在地震蒸汽完全喷发后，一个地震立即发生；在一个不完全的喷发后，剩余的水与蒸汽在积累到足够能量的时候会再次喷发，紧接着地震就会发生。

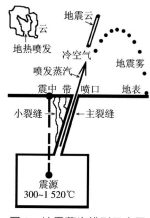

图 3　地震蒸汽模型示意图

1.6　脱水

寿仲浩推测岩石的断裂强度会随着温度的升高下降,并有一个从量的渐变到质的突变的过程。1997 年 4 月,他根据自己的推想画了如图 4a 所示草图,在美国加州理工学院图书管理员的帮助下,在《岩石与矿物物理特性实用手册》(Kirby, McCormick, 1990)中找到出测量得到的曲线,证实了寿仲浩的推想。这一手册中所用词汇"脱水"(dehydration)与寿仲浩的假说完全相同。

经过漫长的数据积累,寿仲浩发现从地震蒸汽喷发到地震发生最长时间间隔约为 112 天,而有 10% 左右的地震都发生在蒸汽喷发后几天内。

寿仲浩(Shou,2011)分析了从地震蒸汽喷发到地震发生期间温度变化的许多实例,发现时间间隔较长的地震在间隔时间内有二次或多次温度峰值,且最后一个峰值都发生在震前几天内,于是推测蒸汽的喷发有完全与不完全之别。蒸汽的完全喷发(图 4a)和不完全喷发(图 4b)之间有巨大区别。在完全喷发后岩石的裂缝内接近真空,也就是说岩石里面几乎没有蒸汽来承受外界的压力,甚至高温使岩石强度剧烈下降,达到一个断裂极限,这个过程称为脱水(Kirby,McCormick,1990)。10% 的地震产生在一个完全的蒸汽喷发后约 3 天内。这叫做完全喷发。有 90% 是不完全的,它们将会在 112 天内第二次喷发,而地震发生在第二次喷发后约 3 天内(图 4b)。由此地震预报的时间窗口最终可以缩短到一星期。

进一步的研究发现,第二次温度峰值伴随着第二次蒸汽喷发,如果它们之间有多于两个的温度峰值,那么它们应由邻近地区的蒸汽喷发所造成。

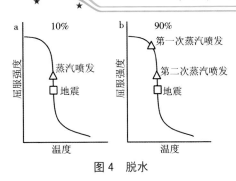

图 4　脱水

1.7　地震前兆和地震的几个例子

（1）1994 年 1 月 17 日南加利福尼亚州北岭地震（6.7 级）

图 5 为寿仲浩于 1994 年 1 月 8 日早晨当地时间 7：30 从美国南加利福尼亚州帕萨迪纳（Pasadena：34.22，−118.54）的格林街（Green）和切斯特街（Chester）的交叉路口用地面建筑作为地标向西北方向拍摄的北岭地震云的照片。此云在 7：15 像火箭发射一样突然升起然后迅速向东北飘去，在 7：50 消失。气象学无法解释这种突然升起的云和它独特的形成与形态。据此，寿仲浩在 1994 年 1 月 15 日向美国地质调查局预报"在帕萨迪纳西北 100 km 范围、25 天时间内将发生一次 6 级以上地震"。没想到美国机关周末无人值班，寿仲浩必须等待到 1 月 17 日周一上午 9：30 开门。寿仲浩不禁想起他的家乡中国杭州，尽管没有地震，但地震办每天都有人值班。1 月 17 日早晨当地时间 4：30 一个 6.7 级地震发生在北岭（34.22，−118.54），即帕萨迪纳西北 37 km 的地方。这个预报的时间、地点、震级三要素全部正确。这个地震是在他预报地点和震级范围内从 1971 年 2 月 10 日以来唯一发生的大地震。寿仲浩曾持照片请教加州大学洛杉矶分校气象学特殊云专业教授，教授说这不是气象云，因为它看起来像升空的火箭。气象学无法解释这种突然垂直升起的云（图 5）的事实和云与地震之间的高度吻合，展示了地震蒸汽是从震源 18.4 km 的深处喷出来的。图 5 中用黑圈标出了地震雾。

图 6 展示了 1994 年 1 月 8 日北岭地震云出现后，震中周围温度的变化。A（桑德贝格，Sandberg）、B（贝克斯菲尔德，Bakersfield Meadows Field）、C（波特维尔，Porterville）三地的温度分别升高了 7.8 ℃、3.9 ℃和 3.4 ℃，尽管它们的海拔很高。作为对比，其他地方温度没有多大变化，有的地方甚至降低。在此期间，南加利福尼亚州没有发生火灾。这说明北岭地震云含有巨大热量。云向东北方向飘移，A、B 和 C 三个城市沿着内华达山处在下风向，并且离震中的距离依次是 62 km、144 km 和 208 km，

温度的降低正好与距离的增加成反比。

图 5　北岭（Northridge）地震云

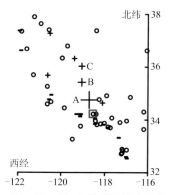

图 6　1994 年 1 月 7 至 8 日，北岭附近震中日最高温度的变化

注：红方块标绘北岭震中。正号、负号与圆圈依次标绘日最高温度的增加、减小和无显著变化（<±2 ℃）。A—桑德贝格，B—贝克斯菲尔德，C—波特维尔。无标记的正号表示温度升高 2~3 ℃，大小负号依次表示温度降低 3~4 ℃和 2~3 ℃。上述地震数据和温度数据依次来自美国地质调查局（ftp：//hazards.cr.usgs.gov/weekly）和美国气象数据中心（National Climatic Data Center，NCDC）（http：//www.ncdc.noaa.gov/oa/ncdc.html）。

　　空气是高绝热的，因此日最高温度在靠近喷口的上风向可以没有什么变化，甚至因为高温高压蒸汽快速上升，上层的冷空气迅速下降，形成一个对流，喷口的最高温度能够达到 300~1 520 ℃，但很遗憾笔者没有查到这个记录。这可能有四个原因：第一,在很接近喷口的地方没有气象台;第二,高热蒸汽因为高压快速上升;第三,空气是很好的热绝缘体;第四,太异常的高温常常会被气象台认定为差错而删去。图 7 展示了桑德贝格气象台的记录。这个气象台总是很有规律地按照 UTC 每小时"X:00""X:08""X:28"……记录温度,但它跳过了 1 月 8 日 UTC 17:00—18:00 和22:00—22:28 的记录。这几个空白正是地震云喷发后温度快速上升的时刻。

桑德贝格气象站(图 6 中的 A 点)是离北岭地震蒸汽源下风向最近的气象台,它为温度变化的动力学提供了证据。北岭地震云出现在 1 月 8 日 UTC 15:15(或者 LT7:15),在这以后,温度就从 5 ℃上升到 17 ℃(图 7 中的红实心方形)。作为对比,1月 7 日和 1 月 9 日温度没有什么变化。进一步,桑德贝格日最高温度从 1 月 7 日的8.9 ℃上升到 1 月 8 日地震云出现日的一个峰值 16.7 ℃(图 8 中的 A)。然后日最高温度下降,1 月 16 日又增加到另一个峰值(图 8 中的峰值 B),这正好是北岭地震前一天。第二次峰值的发现为研究地震预报缩小时间窗口带来了希望。

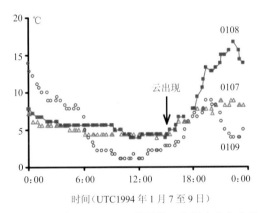

图 7 1994 年 1 月 7 至 9 日桑德贝格温度变化曲线

注:北岭地震云出现在 1994 年 1 月 8 日 7:15 或 UTC15:15(箭头),数据来自 NCDC。

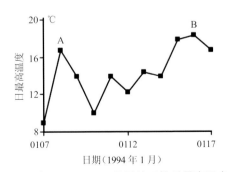

图 8 1994 年 1 月 7 至 17 日桑德贝格日最高温度记录

注:温度峰值 A 的日期与北岭地震云相吻合,峰值 B 在震前 1 天,温度数据来自 NCDC。

（2）2003年12月26日伊朗办姆地震（6.8级）

2003年12月20日UTC 2：00一条云从伊朗办姆（Bam）的一个固定喷口突然喷出，不管风向如何变化，它都像烟囱一样连接喷口，"执拗地"向东南方向飘了整整26个小时（图9）。气象学无法解释这种现象。

根据这条云，寿仲浩于12月25日UTC 0：58在其网站上向公众预报：在喷口附近A和B之间60天内将有一个5.5级及以上地震发生（图10）。

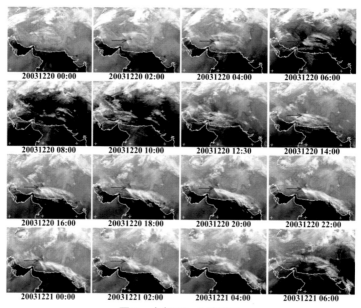

图9　办姆（Bam）地震云

注：这个红外系列的初始卫星图来自英国邓迪大学（Dundee University，简称DU，http：//www.sat.dundee.ac.uk/pdus.html），白色"+"标志经纬坐标均正好为"10"整数度的交点。箭头指向蒸汽喷口，坐标在图10中标出。

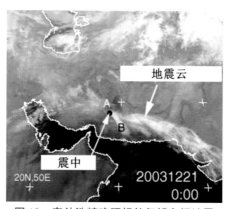

图10　寿仲浩精确预报的伊朗办姆地震

注：2003年12月25日UTC 0：58寿仲浩在其网站"地震云与短期预报"（过去 http：//quake.exit.com，http：//www.earthquakesignals.com/，现在 http://eqclouds.wixsite.com/predictions）中预报：图示 AB 间 60 天内将发生一次震级大于或等于 5.5 级的地震。震中 A（28.99, 58.29）。初始卫星图像来自于 DU。

　　12 月 26 日，在办姆发生的 6.8 级地震证明了寿仲浩预报的成功（Harrington, Shou, 2005）。这个地震是在预报地点、震级范围内在 3 000 多年历史上唯一的一次地震。一位伊朗地震学家惊叹地对寿仲浩说，这是一个无震区，"我深深地钦佩你的伟大的预测"！在办姆地震云喷发期间，（https://www.youtube.com/watch?v=vC-qm-bONlxY）在云下风头的扎黑丹（Zahedan）气象台日最高温度上升了 5 ℃（图 11），它是围绕办姆约 500 km 区域内气象台记录的温度升高的最高值。图 12 展示了扎黑丹的日最高温度从 2003 年 12 月 19 日（地震云出现的前一天）到 12 月 26 日（地震发生当天）的变化。12 月 19 日的温度为 17.8 ℃，12 月 20 日地震云产生时上升到一个峰值 22.8 ℃（图 12 中的峰值 A）；在地震云消失后温度下降；在 12 月 25 日再度上升到另一峰值 B，12 月 26 日地震爆发。这个特征与图 8 相似。笔者推测图 8 与图 12 温度的起伏是因为第一次喷发不完全所引起的，因此剩余的水和蒸汽可能有第二次喷发。图 13 展示了 12 月 25 日 UTC9：00 在办姆附近确有第二次喷发，青边所示为地震云，云 C_1 的尾巴正好连接着办姆，在附近还有地热喷发（粉红边所示）。这就能够解释第二次温度的上升。地热喷发是另一个区别地震云与气象云的重要标志，尽管不是所有的地震云都显示地热喷发。

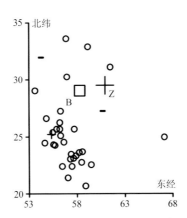

图 11　办姆地震云出现后，下风向温度的升高

注：该图标出围绕办姆（正方形 B）2003 年 12 月 19 至 20 日各气象台记录的日最高气温的变化。最大的"＋"号标出下风向的扎黑丹气温升高了 5 ℃，小"＋"号标出气温升高 2~3 ℃，"○"表示气温变化不大（小于 2 ℃），"－"号表示气温下降 2~3 ℃。温度数据来自 NCDC，地震数据来自 USGS。

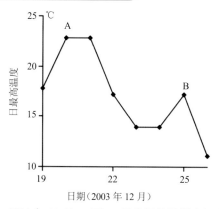

图 12 2003 年 12 月 19 至 26 日扎黑丹日最高温度变化

注:峰值 A 和办姆地震云的日期相吻合,峰值 B 发生在地震前 1 天。数据来自于 NCDC。

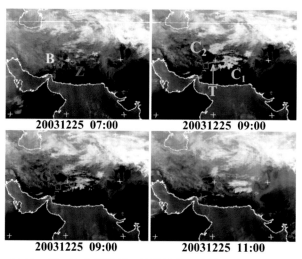

图 13 第二次办姆地震云关联着扎黑丹第二次气温峰值

注:2003 年 12 月 25 日 UTC 9:00 地震云 C_1 和 C_2(青色)和地热喷发 G(粉红色)出现在办姆(红方格 B)。这一时间和图 11 中扎黑丹(粉红圆圈 Z)温度第二峰值相吻合。云 C_1 尾尖(青色箭头)正确地指向办姆震中。原始卫星图像来自 DU。

(3)2005 年 2 月 22 日伊朗克尔曼地震(6.5 级)

2004 年 12 月 14 日 UTC 8:00,在伊朗克尔曼(Kerman)上空突然出现一条线性云(图 14,用青色边标出的 C),云尾指向震中(红方形 K)。该云不断增长,10:00 时其长度达到 370 km。这可从比较它与两个白色"+"的点(30,60)和(30,70)之间的距离(960 km)算出。这种在卫星图像上突然出现的线性云就是地震云,这种云无法用气象学理论来解释。寿仲浩(2006a)提出,长度超过 300 km 的地震云预示的地震震级能够超过 6 级。这云受南风的影响,中间弯曲变粗变长然后消失。

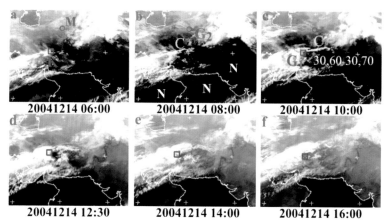

图 14 克尔曼地震云与地热喷发

注:红方形标出 2005 年 2 月 22 日克尔曼 6.5 级震中(30.74, 56.83)。青边勾画出地震云 C,粉红标出地热喷发 G_1 和 G_2。"N"标示的黑色区域不是地热喷发,这个红外系列原始图像来自 DU。

　　图 14 用粉红色标出了震中附近的一个地热喷发 G_1,它停留在克尔曼附近一直到 16:00,并且预报了震中就在附近。2005 年 2 月 22 日发生在克尔曼(30.74, 56.83)的 6.5 级地震,是 2003 年 12 月 27 日到 2008 年 10 月 27 日共 4 年 10 个月期间在(20~50, 40~70)约 9 000 000 km² 范围内唯一的 6.5 级或以上的地震。图 14 还用粉红色标出一个微小的地热喷发 G_2,表示了热量散发范围。作为对比,用 N 标出的大黑色区域不是地热喷发,因为它们不在云中间,也没有使云消失。

　　在下风向,在 MGABSTGy(图 15)这个面积约 44 480 km² 的区域内平均温度在 2004 年 12 月 13 至 14 日上升 4.1 ℃。格琴(G)和马什哈德(M)温度各增加 6.1 ℃ 和 5.6 ℃。在克尔曼(K)地震云出现的时候,马什哈德日最高温度从 12 月 13 日的 7.2 ℃上升到 12 月 14 日的 12.8 ℃(图 16 峰值 A)然后多次升降(由其他的地震蒸汽喷发),在震前一天达到了一个峰值 B。

　　像第二次办姆地震云(图 13)在时间上连接着扎黑丹第二次温度峰值(图 12),第二次克尔曼喷发(图 17)在时间上紧密地联系着马什哈德 2 月 21 日的温度峰值(图 16),这个日期正好在克尔曼地震前一天。这些在地震前几天内温度的峰值类似于北岭地震的图 8。

　　在图 16 峰值 A 和 B 之间的许多温度峰值中 2005 年 2 月 2 日 9:00 产生的峰值 C 是最高的(图 18)。峰值 C 是由 5 月 14 日 5.5 级恰克郎特(Chatroud)地震(30.58, 56.83)的蒸汽喷发造成,震中距离克尔曼 18 km。图 18 展示了这条地震云。

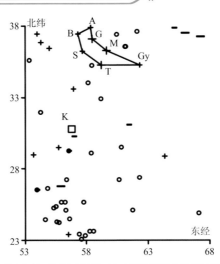

图 15　2004 年 12 月 13 至 14 日克尔曼地震震中附近日最高温度变化

注：图中正方形标绘出 2005 年 2 月 22 日克尔曼 6.5 级地震震中位置。"o"表示温度变化 <2 ℃。小、中和大"−"或"+"依次表示温度降低或升高 2~3.9 ℃、4~5.9 ℃和 >6 ℃。这里，M—马什哈德（Mashhad），G—格琴（Ghuchan），A—阿什哈巴德•凯西（Ashgabat Keshi），B—博季努尔德（Bojnourd），S—萨卜泽瓦尔（Sabzevar），T—托巴特 - 海达里耶（Torbat-Heydarieh），Gy—库什卡（Gyshgy）。其中，在克尔曼地震云下风向的 A、B、G、M、S、T 和 Gy 温度升高 4.1 ℃。温度数据来自 NCDC，地震数据来自于 USGS。

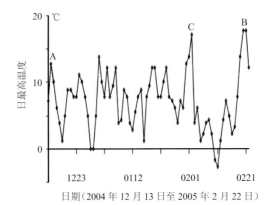

图 16　从 2004 年 12 月 13 日至 2005 年 2 月 22 日马什哈德日最高温度变化

注：峰值 A、B 和 C 分别出现在 2004 年 12 月 14 日、2005 年 2 月 21 日和 2005 年 2 月 2 日。数据来自 NCDC。

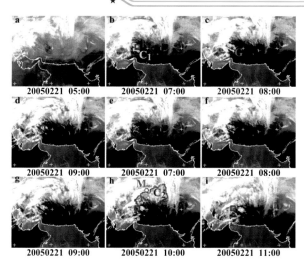

图 17　2005 年 2 月 21 日克尔曼的第二次地震云和地热喷发及其关联的马什哈德的温度峰值 B

注:图 a~d 展示了 2005 年 2 月 21 日 UTC 7: 00 地震云 C_1（青色）和地热喷发 G（粉红）出现在克尔曼 6.5 级震中（红方格 K）上空并停留在那里直到 9: 00。图 e~g 是图 b~d 的原始图。图 h~i 显示 10: 00—11: 00 地震云 C_1（青色）离开震中，而地热喷发 G（粉红色）仍停留在震中。部分灰色温暖的云 C_2（紫色）连接着马什哈德（粉红圆圈 M），它能使那里的温度达到峰值 B（图 16）。原始卫星图像来自 DU。

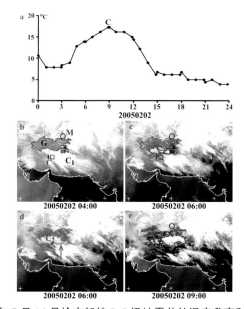

图 18　2005 年 5 月 14 日恰克郎特 5.5 级地震前的温度升高和地震蒸汽喷发

注:图 a 显示 2005 年 2 月 2 日马什哈德温度变化。图 b~e 棕圆圈与红方形依次标绘了马什哈德和恰克郎特地震震中。图 b 中粉红色与绿色依次勾划地热喷发 G 和云 C_1。图 c 采用相同颜色但增加蓝色勾划地震云 C_2。图 d 等同于图 c，但无彩色，以显示原始状态。箭头所示黑线把云 C_2 和 C_1 分开。这黑线是由地热喷发形成。比较图 b 和图 c 中 l、m 和 n 的位置，可见云 C_1 部分消失。温度数据来自 NCDC，原始卫星图像来自 DU。

图 18a 显示了马什哈德从 2 月 2 日 UTC 4：00 至 9：00 温度上升 8.3 ℃。图 18 的卫星云图（6：00—9：00）用蓝边展示一块向西北逆风向突然出现的云，表示这云有高压，是地震云。这是区别地震云与气象云的重要特征之一。伴随这块云温度上升到峰值。云出现的时间与温度升高正好吻合。地震云 C_2 释放了大量的热，不但加热了马什哈德，而且加热了它周围很大的空间，图 19 的六边形框从 2005 年 2 月 1 日到 2 日平均温度上升了 3.6 ℃，它的面积竟达 338 000 km²。图中，S—锡尔延（Sirjan），B—办富特（Baft），Ba—办姆（Bam），Z—扎黑丹（Zahedan），G—库什卡（Gyshgy），T—捷詹（Tedzhen），Sa—萨卜泽瓦尔（Sabzevar）。

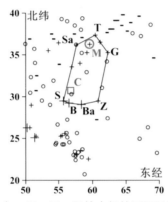

图 19　2005 年 2 月 1 至 2 日恰克郎特周围日最高温度变化

注：粉红圆形 M 和红方形 C 依次标绘马什哈德和恰克郎特震中位置。"o" 代表温度变化 <2 ℃。小和大 "－" 或 "＋" 依次代表温度降低或升高 2.0~4.9 ℃ 和 >5 ℃。温度数据来自 NCDC。地震数据来自 USGS。

云的大小暗示地震大小为 5.3~5.7 级。从 2005 年 2 月 2 日到 5 月 25 日这 112 天时间内只有 5 月 14 日发生在恰克郎特的一个 5.5 级地震。只有这次地震与此云吻合。因此，尽管图 16 展示的克尔曼地震第一次峰值 A 和第二次峰值 B 中间有许多温度起伏，它们也和峰值 C 一样，是由其他地震蒸汽喷发而成。这样我们就可以用封闭地震喷口的办法隔离其他因素的干扰，自动化地测出第二次蒸汽喷发，于是时间窗口能够缩小到一星期。

（4）2000 年 4 至 5 月在土耳其发生的中等群震

图 20 显示 2000 年 2 月 23 日 UTC 8：00—15：00 一个地热喷发发生在 A（37.1~37.3，35.1~37）。在 15：00 另一个地热喷发从 X（35.2，35.9）向西南喷发（红箭头）。与此同时，它的尾巴向东北延伸，在 22：00 它的尾部产生了两个 "块茎"：B（37.6~37.9，37.2~37.3）和 C（38.1~38.4，38.3~38.8）。放大图（图 20g）展示了喷口 X 和块茎 B 及 C 的更多细节。根据卫星云图的演变，寿仲浩推想出它的物理过程如图

20h，B 和 C 是两个临震震源，它们和喷口 X 之间有一条主裂缝，主裂缝与地面之间以及两个震源与地面之间都有许多微裂缝（C_1、C_2 和 C_3），从震源 B 和 C 喷出的蒸汽首先通过主裂缝从喷口 X 喷出，部分蒸汽从微裂缝渗出地面，形成了所示现象。

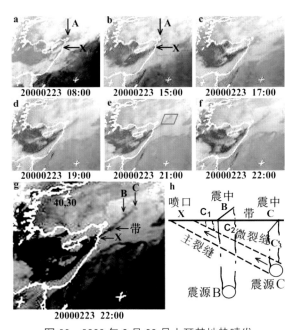

图20　2000年2月23日土耳其地热喷发

注：图 a~f 为 2000 年 2 月 23 日 UTC 8：00—22：00 在土耳其东南部卫星红外系列图，原始图像来自于 DU。图 e 中红方形为寿仲浩的粗预报地点窗口。图 g 为图 f 的放大图。图 h 为地热喷发示意图。

　　按上述设想，寿仲浩在 2000 年 2 月 28 日向美国地质调查局预报：

　　　　时间：2 月 28 日到 4 月 18 日 50 天内。

　　　　地点：土耳其（36.5~38.5，36~39）即图 20e 中标出的红方形内。

　　　　震级：一个 5 级或两个 4 级。

　　寿仲浩还附加了一个较精细的预报：

　　　　时间：3 月 25 日至 4 月 10 日 17 天内。

　　　　地点：（37~37.8，36.8~37.2）。

　　这两个预报都是正确的，因为 4 月 2 日有一个 4.3 级和一个 4.5 级地震正好在寿仲浩粗预报的中间和细预报的边界发生，且两个地震都在地热包 B 内。在细预报时间窗口内，这一对地震是（29~44，31~48）即预报面积 637 倍的范围内仅有的大于或等于 4 级的地震。在细预报的地点窗口内，从 1990 年 1 月 1 日 USGS 建立数据库到 2012 年 9 月 18 日这 22 年的时间内，在（37~38，36.8~38）的范围内没有 5 级及以上或者其他两个 4~4.9 级地震产生（Harrington，Shou，2005）。

地震还产生在点 A 和点 C，再次和地热喷发吻合（表 2）。在一个以 A 为中心的边长为 2°的正方形内，5 月 12 日发生在（37.0，36.1）的 4.8 级地震，是从 1999 年 6 月 11 日到 2001 年 1 月 16 日共 586 天内唯一大于或等于 4.5 级的地震。在以 B 为中心的边长为 2°的正方形内，4 月 20 日发生在（37.6，37.4）的两次 4 级地震，是从 1990 年 1 月 1 日到 2012 年 9 月 18 日共 8 297 天内唯一的一对大于或等于 4 级的地震。在以 C 为中心的边长为 2°的正方形内，5 月 7 日在（36.2，38.8）的一对 4 级地震是从 1996 年 2 月 8 日到 2003 年 8 月 19 日共 2 750 天内唯一的一对大于或等于 4 级的地震。地热喷发和地震之间的高度吻合说明了地热喷发的蒸汽来自于即将发生的地震的震源。

表 2   与图 20 土耳其地热喷发相关的地震

地热喷发					地震					
日期 UTC	时间	点	北纬	东经	日期 UTC	时间	北纬	东经	震级 / M	深度 / km
20000223	8：00	A	37.2	36.0	20000512	3：01	37.04	36.08	4.8	10.0
	21：00	B	37.7	37.3	20000402	11：41	37.63	37.32	4.5	9.0
					20000402	17：26	37.62	37.38	4.3	9.0
	22：00	C	38.3	38.5	20000507	9：08	38.18	38.74	4.4	1.6
					20000507	23：10	38.16	38.77	4.5	5.4

注：地热喷发点 A、B、C 来自于图 20。地震和地热喷发经度与纬度的平均误差为 0.1°，地震数据来自于 USGS。

地热喷发 C 和喷口 X 二者的下风向都没有邻近的气象台。作为对比，位于地热喷发 A 和 B 下风向的气象台亚达那 Ad（Adana/Vincirlik）和卡赫拉曼马什拉 Ka（Kahramanmaras）的同时间温度从 2000 年 2 月 22 日到 23 日分别上升了 3.9 ℃和 2.3 ℃（图 21a）。一个靠近喷口但不在下风向的气象台巴塞尔·阿萨德（Basel Assad）上升了 0.5 ℃。作为对比，在（30~40，30~40）的面积内同时间平均温度下降了 2.4 ℃。这个对比，也显示了地震蒸汽包含了巨大的热量。类似北岭地震、办姆地震和克尔曼地震，土耳其 5 月 12 日的 4.8 级地震和 4 月 20 日的一对 4 级地震也发生在它们对应的下风向气象台亚达那（Ad）和卡赫拉曼马什拉（Ka）的第二温度峰值后的几天内（图 21b 的绿心方框与绿心三角）。

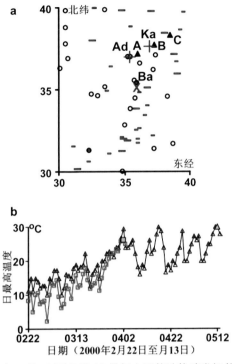

图 21　2000 年 2 月 22 至 5 月 13 日与土耳其地热喷发相关的温度变化

注:图 a 实心三角形 A、B 和 C 依次标绘图 20 和表 2 中的地热喷发 A、B 和 C,红"+"标绘亚达那(Ad)和卡赫拉曼马什拉(Ka),小和大"－"依次表示温度降低 2.0~3.9 ℃ 和 ≥ 4 ℃,"o"表示温度变化 <2 ℃,红色"X"标绘图 20 中喷口表示巴塞尔·阿萨德(Ba)。图 b 蓝三角和粉红正方形依次标绘亚达那和卡赫拉曼马什拉从 2000 年 2 月 22 日(地热喷发前 1 天)到 5 月 13 日的日最高温度变化。绿心正方形和绿心三角形展示临震前几天内温度的升高。温度数据来自于NCDC。

(5)2004 年 12 月 26 日印度洋海啸群震

2004 年 12 月 26 日,包含 11 个大地震的地震群发生在东印度洋海岸。它们的地震蒸汽喷发混合,很难将它们一一区别出来。但地震越大,释放出的蒸汽越多。因此,我们可以发现它们中最大的几个。图 22 正方形 A(青色)、B(绿色)和 C(粉红色)依次标绘安达曼(Andaman)6.6 级震中(8.88,92.38)、尼科巴(Nicobar)7.5 级震中(6.91,92.96)和苏门答腊(Sumatra)9 级震中(3.30,95.98),它们的蒸汽向西喷发,在 11 月 15 日 UTC 3∶00 形成了三个地热喷发 G_1、G_2 和 G_3(粉红边),还形成了三条罕见的直线 AX、BY 和 CZ,每条长达 4 700 km。在喷发期间,巴基斯坦的卡拉奇机场和拉合尔机场记录了三个地表温度超过 100℃。

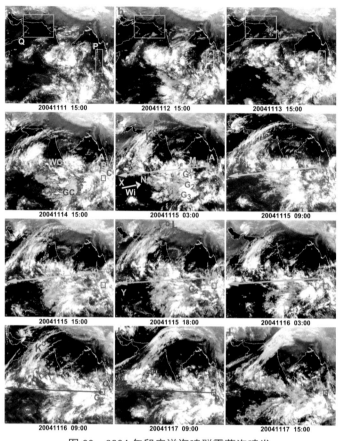

图22 2004年印度洋海啸群震蒸汽喷发

注：该系列红外卫星图展示了从2004年11月11日至17日北印度洋上空云的变迁。矩形P与Q在顶部图a、b、c中有相同的大小与位置。正方形A（青）、B（绿）和C（红）依次标绘安达曼6.6级、尼科巴7.5级和苏门答腊9级地震震中。图d中紫边所示灰云GC和青边所示白云WC都是地震云。图e粉红边所示G_1、G_2和G_3都是地热喷发。蓝色长箭头AX、绿色长箭头BY、红色长箭头CZ被认为是地震蒸汽喷发造成。黄箭头所示为该地区常见的风向。红圈K和L依次标绘巴基斯坦的卡拉奇机场和拉合尔机场记录到温度超过100 ℃。卫星图像、地震数据和温度数据依次来自DU、USGS和地面气象网站（Weather Underground，简称WU，http://www.wunderground.com/）。

比较图22a~c可知，11月11至13日矩形P和Q内的云量在逐渐增加。11月14日（图22d）出现大块灰云（GC）与白云（WC）。前者包含高热量、低密度和低高度，上升凝聚堆积形成后者，因此它们都是地震云。这些迅速形成的大块地震云和三个地热喷发（G_1、G_2和G_3）暗示了一群大地震正在喷发蒸汽。

青色长箭头AMNX由三直线段AM、MN和NX组成（图22e）。线段AM是地热喷发G_1的一边。它的始点A与安达曼震中A（青方形）重合，线段AM与地热喷发G_1的边AM重合。这种现象能够解释为安达曼震源正在通过震中A向西喷发蒸汽。它具有高温、高压，并按直线传播。部分蒸汽具有较大的垂直分量和较小的水平分量。它们上升融化震中附近上空已存在的部分云形成地热喷发。

线段 NX 将印度洋西部空间分成南部无云和北部密集两部分,且与线段 AM 成一直线。这种奇异现象能够解释成受风影响。黄色箭头标出了该地区常见的由西向东北移动的风(Wi)。它阻挡 NX 南面的弱蒸汽,或将其推向北面,使北部云密集,且在南部形成一个无云区。此风不能阻挡该时刻占主导地位、有强大水平分量的安达曼地震喷发蒸汽,它从 A 到 M 后继续西进,因此 AM 与 NX 成一直线。在 MN 的上面,是由地震群的蒸汽上升混杂形成的又大又厚的地震云。红圈 K 标出了卡拉奇的位置。这个机场在 11 月 15 日 UTC 4:30(LT 9:30)记录了 225 ℃（证据见表 4）的高温。地热喷发 G_1 在 9:00 变小,并且在 15:00 消失。但青色直线还继续存在了一段时间。

类似地,11 月 15 日 UTC18:00 另一条长直线 BY 形成(绿色箭头)(图 22h)。地热喷发 G_2 的起点 B 正好与尼科巴 7.5 级地震的震中吻合。此刻尼科巴地震蒸汽的喷发占主导地位,红色圆圈标绘出拉合尔机场的位置。那里 11 月 15 日 16:30(当地时间傍晚 9:30)温度达到 146 ℃（证据见表 4）。这条长直线 BY 一直持续到 11 月 16 日 UTC3:00。像 AX 和 BY,第三条长直线 CZ 在 11 月 16 日 UTC9:00 形成(红箭头)。点 C 非常接近苏门答腊地热喷发 G_3。红圈标绘了卡拉奇,那里 11 月 16 日 UTC13:00(LT 18:00)温度达到 288 ℃（证据见表 4）,直线 CZ 一直持续到第二天的 0:00 然后慢慢消失。(整个过程的动画片可从下面的链接观看: https://docs.google.com/file/d/0B3PS6mjpf0ITSnN5MHY4NFJncW8/edit?usp=sharing;http://eq-clouds.wixsite.com/predictions)

安达曼 6.6 级地震是在(8~10,90~95)范围内从 1990 年 1 月 1 日美国地质调查局建立地震数据库以来发生的最大的地震。尼科巴 7.5 级地震是在(5~20,90~105)范围内从 1990 年 1 月 1 日到 2005 年 7 月 23 日这 15 年内在这个区域唯一的大于或等于 7 级的地震。苏门答腊 9 级海啸地震是全球 1964 年 3 月 27 日的阿拉斯加 9.2 级地震到 2011 年 3 月 11 日日本 9 级海啸地震之间 47 年内世界上最大的地震。三条罕见的直线地震云和三个大地震之间的吻合强烈证明了地震蒸汽模型。

安达曼 6.6 级地震、尼科巴 7.5 级地震和苏门答腊 9 级地震的蒸汽从 2004 年 11 月 14 日 15:00 开始同时喷发,依次延续了 24 小时、36 小时、57 小时。喷发的时间和震级成正比。蒸汽喷发时,卡拉奇和拉合尔地表温度三次超过 100 ℃这一事实,也强烈证明了地震蒸汽模型。因为三个地震与两个飞机场之间的最短距离为 3 100 km,我们能够推想北印度洋温度的异常。

1.8　异常温度的定义

寿仲浩（Shou，2011）把下述温度定义为异常温度：

（1）空气温度超过 60 ℃（气象学的最高温度）；

（2）温度脉冲如图 23a 中的点 H；

（3）日最高温度达到月内最高点，如图 23b 中的点 D；

（4）日最高温度达到或者超过该日在多年内的最大值，如图 23c 中的点 D_1；

（5）如果图 23c 中的点 D_1 已经证明由地震蒸汽造成，那么日次高温点也异常，如图 23c 中的点 D_2；

（6）日最大温升比周围地区高得多，如图 12 中扎黑丹增加了 5 ℃，周围的最高温升是 2.2 ℃。

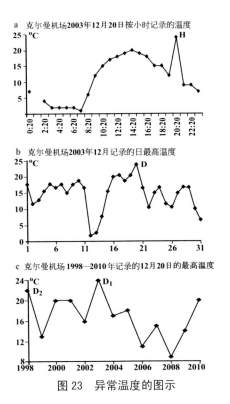

图 23　异常温度的图示

注：本图来自于美国专利（US Patent 8068985）的图 5（Shou，2011）。

印度洋蒸汽喷发产生大面积温度异常，图 24a 展示曼谷（Bangkok）和海德拉巴（Hygderabad）1996—2012 年间 11 月 15 日的同日温度最高值，符合温度异常定义第（4）条。图 24b 展示了 11 月 15 日在海德拉巴三个温度脉冲，符合上述温度异常定义的第(2)条。另外,图24c 标绘出北印度洋所有机场按照异常定义(2)(4)在11月14 日至 17 日蒸汽喷发期间温度异常。这个图也标绘出许多机场特别是苏门答腊基本没有温度记录。温度数据对于发现地震、缩小预报面积和发现第二次蒸汽喷发是非常重要的。

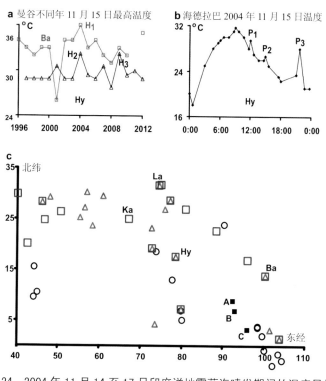

图 24　2004 年 11 月 14 至 17 日印度洋地震蒸汽喷发期间的温度异常

注:图 a~b 印度洋地震蒸汽喷发期间,温度异常的两个例子。图 c 黑实心正方形 A、B 和 C 依次标绘安达曼、尼科巴和苏门答腊地震中。红正方形和粉红三角形依次表示所在机场的日最高温度达到 1996—2012 年间同日温度的最高值和 2004 年 11 月 14 至 17 日有一个或多个温度脉冲。黑色圆圈表示所在地几乎没有温度记录。Ka、La、Ba 和 Hy 依次表示卡拉奇、拉合尔、曼谷和海德拉巴。温度数据与地震数据依次来自 WU 和 USGS。

　　图 25 展示了这三个印度洋大地震的第二次蒸汽喷发。它们出现在震中附近震前 1~2 日内,但蒸汽量比第一次小得多。

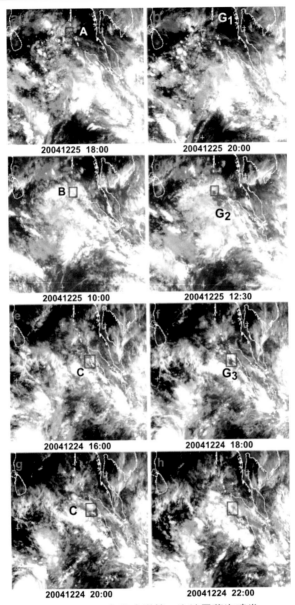

图 25　2004 年印度洋第二次地震蒸汽喷发

注:红色正方形 A、B 和 C 依次标绘安达曼、尼科巴和苏门答腊地震震中。地热喷发 G_1、G_2 和 G_3（均粉红边）依次出现在上述震中附近;青边云为部分苏门答腊蒸汽上升形成的地震云。

1.9　地震蒸汽概要

前面已经讨论了地震与地震蒸汽喷发的五个例子。蒸汽喷发有两种形式：地震云与地热喷发。办姆地震云证明了地震蒸汽确实是从临近震中一个固定的喷口喷出。北岭地震云展示了震中附近的地震雾，土耳其地热喷发群展示了蒸汽喷口"X"和两个地热喷发包"B"和"C"之间一条蒸汽痕迹带，这两个包预示了后来地震的震中（图 20）。这些例子共同展示了图 3"地震蒸汽模型示意图"中提到的地震云、地震雾、地热喷发、喷口、裂缝、带、震中和震源。

纵观种种地震蒸汽喷发，虽然它们看起来很不一样，但也有共同特性。气象学无法解释它们从一个固定喷口的突然出现、特殊形态和下风向温度异常升高，为地震蒸汽模型提供了很好的注解。地震蒸汽模型确认地震蒸汽来自于即将发生的震中，蒸汽的温度与压力积累到足够高的水平，当蒸汽的压力超过主裂缝的阻力，从震源通过主裂缝和地面的喷口喷出，然后快速上升，因此北岭地震云像火箭发射一样，办姆地震云能够固定在喷口向天空喷发长达 26 小时，克尔曼地震云有一个均匀的宽度且长达 370 km，印度洋海啸群震地震云能形成三条长达 4 700 km 的直线。喷口通常靠近震中，也有极少数情况喷口不靠近震中，小部分蒸汽能够通过主裂缝与地面之间的微裂缝，或者直接从震源上升到地表，这个过程就形成了震中与喷口间的蒸汽痕迹和震中附近的地热喷发包（如图 20）。喷发的蒸汽包含着巨大的热量，因此在它们的下风向温度异常，因为震源温度达到 300~1 520 ℃，这样就容易理解为什么在印度洋海啸群震喷发期间，卡拉奇和拉合尔机场的地表温度超过 100 ℃。

蒸汽喷发的巨大热量，显示喷口的温度也达到了 300~1 520 ℃，寿仲浩（Shou，2011）提出，可以用精密测量异常温度的增加来捕捉震中。当蒸汽的痕迹出现在喷口和地热包之间的时候，地震将发生在这个"包"里面（图 20）。这个方法，使预报能够在热环境下进行，突破了寿仲浩著名的办姆地震预报依靠冷环境的局限，为地震预报拓展了更大的空间。另外，通过测量蒸汽的量并且比较这个量和震级经过标准化的以往地震的蒸汽量，预报的震级将能达到较高精度。

寿仲浩（Shou，2006b）总结了 500 多次地震和它们蒸汽喷发时间的关系，发现最长的时间间隔是 112 天，平均 30 天。

前面已经讨论过，2003 年 12 月 20 日办姆地震的第一次蒸汽喷发是不完全的。当震源剩下的水与蒸汽在积累了足够的能量后会再次喷发（图 13）。第二次喷发联系着 12 月 25 日下风向扎黑丹的第二次峰值。震源完全脱水，办姆地震在一天内立即发生。

6.5 级的克尔曼地震是又一个例子。图 14 的第一次喷发联系着 2004 年 12 月

14 日图 16 中温度的第一个峰值。2005 年 2 月 21 日的另一次喷发（图 17）导致了图 16 中的另一个峰值 B。在这两个峰值间，在克尔曼附近其他地震的蒸汽喷发产生其他温度峰值。例如图 18 克尔曼附近的恰克郎特的 5.5 级地震蒸汽喷发和图 16 中的 2005 年 2 月 2 日在下风向的马什哈德的温度峰值 C 在时间与地点上的吻合，显示了恰克郎特的蒸汽喷发导致马什哈德的温度峰值 C。因此用隔离喷口的方法来测量第二次温度峰值，自动化预报即将发生的地震将成为可能。

根据上述研究，寿仲浩（Shou，2011）指出一个缩小地震预报时间窗口的方法，10% 的地震发生在地震蒸汽喷发后 3 天内，例如 1990 年 6 月 20 日北伊朗地震产生在地震云喷发后 17 小时内（Shou，1999）。这个现象可能因为这个蒸汽喷发是完全的。而 90% 的地震产生在第二次喷发后几天内。例如图 8 中的北岭地震、图 12 中的办姆地震、图 16 中的克尔曼地震、图 21 的土耳其中等地震群和图 25 中印度洋三个大地震，都发生在第二次蒸汽喷发或第两个温度峰值后几天内。结合上述两种情况，我们能够将时间窗口缩小到一星期内。

北岭地震、办姆地震、克尔曼地震的蒸汽喷发都发生在历史上没有发生过大地震的地方，而印度洋的地震发生在许多大地震发生过的地方。印度洋地震蒸汽从海底喷发，而其他几个例子是从陆地喷发，土耳其地震深度小于 10 km，而其他例子都超过 10 km。这些例子显示了地震蒸汽理论是普遍适用的，是完全可信的。

1.10　讨论

地震蒸汽模型怀疑论者的主要问题是：地面温度能否超过 100 ℃，因为这样的高温能把人烫死。这么高温度的地震蒸汽确实能够杀死附近的人，但很幸运，这种情况是罕见的。因为喷口与人之间有一个很大的距离。另外，喷发蒸汽上升而冷空气下降，形成对流，在喷口附近的温度有时能下降（见图 6 和图 15）。此外，100 ℃ 的纯蒸汽不同于 100 ℃ 的空气，前者能够烫伤人，而后者未必，因为空气有较小的比热容与热导率，在经过一定距离后蒸汽稀释，它不可能烫死或烫伤旁边的人。而另一方面，1976 年 7 月 28 日唐山地震期间非常热的地震喷发物确实曾烫伤过 1 人（石慧馨等，1980），1975 年 2 月 4 日海城地震前出现冬眠蛇出洞被冻死路旁的情况（蒋锦昌，杜璋，1984）。

可能因为地表温度超过 100 ℃ 难以想象，因此这种数据被大量抹掉、跳过甚至篡改。例如 GOES—12 的卫星图像颜色深浅限制在温度"0~342.096 K"（http://www.oso.noaa.gov/goes/goes-calibration/G12_Img_Ch2_Rollover/G12_Ch2_Rollover_Abs.pdf）。342K 折合 69 ℃。一个火烧区域温度有时会超过 69 ℃，当超过这个人为限制而无定义时将产生白疵点（图 26）。当把超过这个温度界限的色度都定义在这个温度界限的色度时,会混淆喷口和它的邻域间的区别,严重影响地震预报。

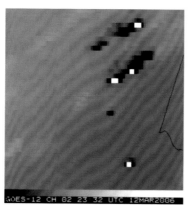

图26 人为定义的对应卫星图色泽的最高温度(342 K 或 69 ℃)

注:该图来自 2006 年 3 月 12 日 UTC 23:32 NOAA 的红外图。黑色表示火灾区,白点意味温度超过人为定义的卫星图色泽最高温度 342 K(或 69 ℃)时因为没有定义而产生的疵点。

例如寿仲浩(Shou,1999)在 1999 年 7 月 16 日从卫星图中发现斯里兰卡附近海面上突然出现一条长达 800 km 的线性地震云,它的尾巴指向西北(图27)。7 月 30 日,寿仲浩向三个人预告了在伊朗和意大利之间在 34 天内将有一次 7 级或以上地震。他试图捕捉云从震中到斯里兰卡的痕迹来寻找震中,但卫星图像没有显示颜色深浅的区别。他猜测卫星图像可能有人为的最高温度限制,并请求卫星拥有者或图像提供者出示图像转换程序,但没有效果。一直到 2012 年方琰搜寻到黑色火灾区的白疵点(图26),才知道卫星图像确有一个地表最高温度为 69 ℃ 的人为限制。

1999 年 8 月 17 日,一个 7.7 级地震发生在伊朗与意大利之间的土耳其伊兹米特(Izmit),这个地震是 915 天内在预报区域唯一 7 级或以上地震。1999 年 10 月,土耳其《科学与理想》杂志发表寿仲浩论文《地震云,一个可信赖的前兆》,许多土耳其科学家与民众写信给寿仲浩。他们告诉他,那些天温度极端的热,待在空调房间里都感到炎热,温度达到 60 年内的最高温度。这使作者猜测这些温度可能因为太异常而被人为地删除了(Shou,2011)。图 27e 和表 3 证实了大量温度数据的丢失。1999 年 7 月 13 日, 12 个土耳其机场(包括伊斯坦布尔和安卡拉)丢失了许多按小时记录的温度数据。1999 年 7 月 14 日, 3 个土耳其机场达到了从 1996 年到 2010 年 15 年内同日温度的最高值。7 月 15 日到 27 日, 10 个土耳其机场没有任何温度记录,作为对比,土耳其外的机场则有温度记录。伊兹米特蒸汽喷发和上述温度记录丢失在时间和地点上的巧合,暗示了这些温度可能太异常而无法被当局采信。

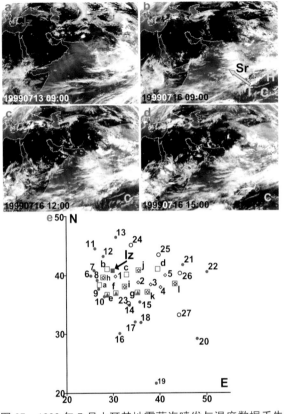

图 27　1999 年 7 月土耳其地震蒸汽喷发与温度数据丢失

注:图 a~d 从 1999 年 7 月 13 至 16 日卫星红外系列图。红正方形标绘震中伊兹米特(40.75, 29.86),线性地震云在斯里兰卡附近。图 e 红色实心正方形标绘伊兹米特 7.7 级震中。图中字母或数字为机场,它们的名字、国家、坐标、温度和数据状态与表 3 首列"序"相匹配。粉红边方形(均注字母)标示 7 月 13 日丢失很多温度数据的机场(都在土耳其);其他注数字。棕色边菱形标示 7 月 14 日丢失很多温度数据并且在 7 月 15 至 17 日没有任何数据的土耳其机场,红实心三角形标示 1999 年 7 月 14 日的最高温度达到 1996—2010 这 15 年中同日最高温度的土耳其机场。蓝实心圆圈和黑空心圆圈依次标绘土耳其外没有丢失数据和习惯无记录的机场。卫星图像与温度数据依次来自于 DU、WU。

　　地面气象网站(WU)记录了许多由机场记录超过 60 ℃的高温,表 4 展示了 18 个震前异常温度的例子。这些过去由地面气象网站报道过的数据在 2010 年 7 月 30 日后都被网站删除。他们这样回答寿仲浩的问讯:"我们认为任何超过地面目测最高可信温度 136 ℉(即 59 ℃)的温度都是错误的,应该删除。"众所周知,当代温度测量计能够精确地测量超过 100 ℃的温度,但是几乎所有的气象站和大部分机场都习惯性地将这些温度删除,少数机场记录了这些温度,但不敢将它作为日最高温度。其实,真实记录地面温度是非常重要的。人为无知地删除数据,是不尊重科学的表现,给科学研究和地震预报带来了不可估量的损失。

表 3　1999 年土耳其蒸汽喷发期间温度数据丢失

序	机场	国家	纬度	经度	7 月 13 日	7 月 14 日	7 月 15 日至 7 月 27 日
	伊兹米特	土耳其	40.7	29.9	发生 7.8 级地震		
a	伊兹密尔	土耳其	38.3	27.1	丢失	有	有
b	伊斯坦布尔	土耳其	41	28.8	丢失	有	有
c	安卡拉	土耳其	40.1	33	丢失	有	有
d	特拉布宗	土耳其	41	39.7	丢失	有	有
e	阿达纳	土耳其	37	35.3	丢失	最高温	有
f	达拉曼	土耳其	36.7	28.8	丢失	最高温	有
g	安塔利亚	土耳其	36.9	30.7	丢失	最高温	有
h	巴勒克西尔	土耳其	39.6	27.9	丢失	丢失	无数据
i	科尼亚	土耳其	38	32.5	丢失	丢失	无数据
j	梅尔济丰	土耳其	40.8	35.6	丢失	丢失	无数据
k	加济安泰普	土耳其	37.1	37.4	丢失	丢失	无数据
l	凡城	土耳其	38.5	43.3	丢失	丢失	无数据
1	埃斯基谢希尔	土耳其	39.8	30.6	有	丢失	无数据
2	开塞利	土耳其	38.8	35.4	有	丢失	无数据
3	马拉蒂亚	土耳其	38.4	38.1	有	丢失	无数据
4	迪亚巴克尔	土耳其	37.9	40.2	有	丢失	无数据
5	埃尔祖鲁姆	土耳其	40	41.2	有	丢失	无数据
6	利姆诺斯	希腊	39.9	25.2	有	有	有
7	亚里山德鲁波利斯	希腊	40.8	25.9	有	有	有
8	米蒂利尼	希腊	39.1	26.6	有	有	有
9	萨摩斯	希腊	37.7	26.9	有	有	有
10	罗得斯	希腊	36.4	28.1	有	有	有
11	布加勒斯特	罗马尼亚	44.5	26.1	有	有	有
12	瓦尔纳	保加利亚	43.2	27.9	有	有	有
13	敖德萨	乌克兰	46.4	30.7	有	有	有
14	拉纳卡	塞浦路斯	34.9	33.6	有	有	有
15	拉塔基亚	叙利亚	35.5	35.8	有	有	有
16	开罗	埃及	30.1	31.4	有	有	有
17	特拉维夫亚发	以色列	32.1	34.8	有	有	有
18	阿丽亚女王	约旦	32	36	有	有	有
19	吉达	沙特阿拉伯	21.7	39.2	有	有	有

续表

序	机场	国家	纬度	经度	7月13日	7月14日	7月15日至7月27日
20	科威特	科威特	29.2	48	有	有	有
21	第比利斯	格鲁吉亚	41.7	45	有	有	有
22	巴库	阿塞拜疆	40.5	50.1	有	有	有
23	尼科西亚	塞浦路斯	35.2	33.4	有	有	无数据
24	辛菲罗波尔	乌克兰	45	34	有	有	无数据
25	索契	俄罗斯	43.4	39.9	有	有	无数据
26	塞瓦诺	亚美尼亚	40.2	44.4	有	无	无数据
27	巴格达	伊拉克	33.2	44.2	无	无	无数据

注："有"表示数据齐全或基本齐全；"无"表示没有数据；"丢失"表示缺少很多数据。数据来自地面气象网站过去发布的原始记录(现已删除)，笔者把这些原始数据放入 Google 网站才得以保存，请查看下面链接：

https://d℃s.google.com/file/d/0B3PS6mjpf0ITRDM1M0gzSFlpQjg/edit?usp=sharing

https://d℃s.google.com/file/d/0B3PS6mjpf0ITS0xQMTk0ZkFSTnc/edit?usp=sharing

https://d℃s.google.com/file/d/0B3PS6mjpf0ITek56MmFkRURDWlk/edit?usp=sharing

https://d℃s.google.com/file/d/0B3PS6mjpf0ITUEh3b0NKUDZPNTA/edit?usp=sharing

https://d℃s.google.com/file/d/0B3PS6mjpf0ITNmhxcUdPNHI2TjQ/edit?usp=sharing

https://d℃s.google.com/file/d/0B3PS6mjpf0ITNEN6eHllLUFNSG8/edit?usp=sharing

https://d℃s.google.com/file/d/0B3PS6mjpf0ITcl9EWVpoZl9yYjg/edit?usp=sharing

https://d℃s.google.com/file/d/0B3PS6mjpf0ITUVZrRVE1bnRDX0k/edit?usp=sharing

https://d℃s.google.com/file/d/0B3PS6mjpf0ITTlhCV3oxNnRncmM/edit?usp=sharing

https://d℃s.google.com/file/d/0B3PS6mjpf0ITTE0wLVpKYjNRZDQ/edit?usp=sharing

https://d℃s.google.com/file/d/0B3PS6mjpf0ITd1pwNlZvZHdKQ00/edit?usp=sharing

https://d℃s.google.com/file/d/0B3PS6mjpf0ITX3NlamlqRENJbDA/edit?usp=sharing

https://d℃s.google.com/file/d/0B3PS6mjpf0ITejRjMnl1dUJrQzA/edit?usp=sharing.

https://d℃s.google.com/file/d/0B3PS6mjpf0ITVVF5Yk9KSW91bGc/edit?usp=sharing

https://d℃s.google.com/file/d/0B3PS6mjpf0ITb2dtZGpWUzdTcm8/edit?usp=sharing

https://d℃s.google.com/file/d/0B3PS6mjpf0ITS1o3S1JmQ0JMLWs/edit?usp=sharing

https://d℃s.google.com/file/d/0B3PS6mjpf0ITLVNlMl9vYkZuY1k/edit?usp=sharing

https://d℃s.google.com/file/d/0B3PS6mjpf0ITUVZrRVE1bnRDX0k/edit?usp=sharing

表4　地面气象网站删除的异常温度

日期	时间	温度/℃	机场名称	纬度	经度	序
19970602	13:41	300	拉斯阿美尼加	18.4	−69.7	1
19991117	5:00	243	马普托	−25.9	32.6	2
20031224	23:30	250	新德里	28.6	77.1	3
20031230	15:30—16:00	900	新德里	28.6	77.1	4
20041115	9:30	225	卡拉奇	24.9	67.1	5
20041115	21:30	146	拉合尔	31.5	74.4	6

日期	时间	温度 /℃	机场名称	纬度	经度	序
20041115	22:30—23:30	1 500	新德里	28.6	77.1	7
20041116	12:00—13:30	1 500	新德里	28.6	77.1	8
20041116	18:00	288	卡拉奇	24.9	67.1	9
20041117	17:30—23:30	1 500	新德里	28.6	77.1	10
20041117	20:00	119	内罗毕	-1.3	36.9	11
20041118	00:00	117	内罗毕	-1.3	36.9	12
20041118	00:00—6:00	2 000	新德里	28.6	77.1	13
20041118	17:30	205	拉合尔	31.5	74.4	14
20041215	18:20	141	克尔曼	30.2	57	15
20051217	19:20	99	克尔曼	30.2	57	16
20070504	16:02	728	阿比让	5.2	-3.9	17
20071219	14:20	999	克尔曼	30.2	57	18

美国国家气象数据中心（NCDC）建立了一个庞大的世界气象数据库,笔者在本书中引用了它的大量数据,但这个数据库有一个大问题,它的数据没有标准化,不同的气象台提供不同频率的数据,即使是优秀的气象台和优秀的机场也丢失了大量数据,例如图 7 中加利福尼亚州的桑德贝格气象站空缺了按常规有记录的 1994 年 1 月 8 日 UTC17:08、17:28 和 22:08 北岭地震云出现后温度升高期间的重要数据。图 28 展示了克尔曼机场和克尔曼气象站数据的一个对比。前者记录了 2003 年 12 月 20 日 UTC16:20（LT20:20）一个 24 ℃ 的温度脉冲（图 28a 中的 A）和 2004 年 12 月 15 日 UTC14:20（LT18:20）一个 141 ℃（证据见表 4）的温度脉冲（图 28b 中的 B）。作为对比,后者跳过了这两个记录。气象站与机场还同时跳过了 2004 年 12 月 15 日 12:50 和 2:50 的记录。为了解决数据丢失问题,美国国家气象数据中心应该规定一个统一的记录频率,至少每天 96 个数据,并且敦促世界上所有气象站和机场记录所有异常数据,不得丢失。另外,气象站应该分布均匀并增加密度,这样有利于发现靠近喷口的数据,缩小预测面积。

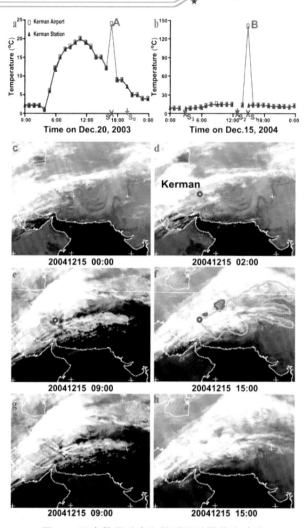

图 28　温度数据丢失和关联的地震蒸汽喷发

注：图 a~b：在伊朗办姆地震和克尔曼群震蒸汽喷发期间，克尔曼机场记录了两个奇异的温度脉冲（粉红）：一个在黄昏，而另一个超过 100 ℃，而克尔曼气象站（蓝色）丢失了。图 c~h：卫星红外系列图展示了克尔曼群震蒸汽喷发产生的地震云（青边）和地热喷发（粉红边），说明了 141 ℃ 的脉冲产生在 UTC14：20 云笼罩克尔曼（红圈 K）期间。温度数据、地震数据与卫星图像依次来自于 WU、USGS 和 DU。

　　有科学家质疑蒸汽泡不可能从大西洋底 10 km 的深处冲出海面。其实这个问题很容易回答：因为蒸汽泡的密度远远轻于海水密度。事实上，寿仲浩（Harrington，Shou，2005）早已展示了 1994 年 9 月 1 日北加利福尼亚州近海 7.1 级地震的地震云、1994 年 10 月 27 日俄勒冈（Oregon）近海 6.3 级地震的地震云和 1995 年 2 月 29 日北加利福尼亚州近海 6.8 级地震的地震云（论文中图 4.3~4.5 或本书图 37 中 c~e），它们的震源深度在 10~20 km。寿仲浩（2006b）还展示了 2004 年 12 月 26 日印度洋三个大地震的地震云，它们的震源深度超过 15 km，其中两个甚至超过 30 km。

一个有趣的问题是临震震源有多高的压强。寿仲浩（Shou，2006b）通过苏门答腊地震云和当时震源的报告深度 16.1 km 计算出它的压强至少为 1 532 atm（或 155 MPa）。后来 USGS 把海啸地震的深度增加到 30 km，因此这个压强应该增加到大约 3 000 atm 或 304 MPa（一个大气压相当于 10 km 海水）。但是真实压强比上述数目大得多，因为地震云移动 4 700 km 也需要强大的推力。

美国地质调查局从 1990 年到 2012 年记录的大地震震源的最大深度为 673.1 km，这个地震发生在 2004 年 1 月 11 日斐济（Fiji）。蒸汽从这个深度喷出海面至少需要 67 000 atm（或 6 787 MPa）。图 29 展示了 2003 年 12 月 27 日它的蒸汽喷发。主要地震云（青边）在 9：00 向北喷发，15：00—21：00 变大，同时一个地热喷发（粉红边）出现在震中附近（红边正方形）。在喷射方向纳迪（Nadi）机场记录了日最高温度从 12 月 26 日的 30.6 ℃增加到 27 日的 33 ℃（图 29g 中的 P）。这个温度的增加与云的出现吻合。这云大约移动了 1 466 km。

下面推算蒸汽移动 1 km 需要多大的压力。假定印度洋海啸地震和斐济地震的震源有相等的压强，由此这个比值可以大致推算出来，它接近 19.8 MPa [=（67 000−3 000）/（4 700−1 466）]。于是震源的压强可能达到 96 000 atm（或 9 725 MPa）（=67 000+19.8×1 466 或 =3 000+19.8×4 700）。

地震蒸汽模型是推算震源压强的好方法。但是它需要经过标准化的地震数据，上述推算假定斐济地震深度 673 km 是正确的，还假定印度洋海啸地震和斐济地震震源有相等的压强。因为没有资金做模拟实验，笔者抛砖引玉，提出上述大致估算，希望能够得到较精确的模拟结果。

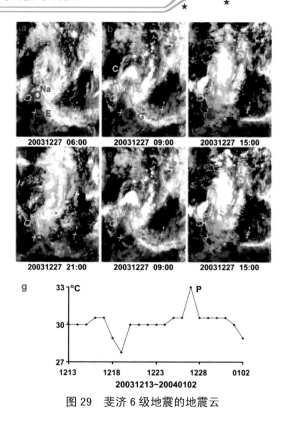

图 29　斐济 6 级地震的地震云

注：图 a：红边正方形和粉红边圆圈依次标绘 2004 年 1 月 11 日斐济 6 级地震的震中（-20.14，-179.15）和纳迪机场（-17.8，177.4）。该地震的震源深度为 673.1 km。棕色数字（-10，180）表示"+"的坐标。图 b~d：2003 年 12 月 27 日 UTC 9：00 地热喷发 G（粉红）出现在震中附近，还伴随地震云 C（青色）。地震云逐渐变大并向东北飘移。图 e~f 为图 b~c 的原始图像。图 g：纳迪机场记录的日最高温度突变。温度数据、地震数据与卫星图像分别来自于 WU、USGS 和 DU。

第 2 章

地震蒸汽形态和预报实例

前面已经讨论了地震蒸汽模型和地震蒸汽的多种形态,为了更好地运用这种模型,下面将讨论喷口结构和周围环境(包括温度、风、云)及地形如何影响蒸汽的形态;讨论地震预报在不断摸索、不断实践中遇到的各种难点;讨论地震蒸汽是否会漏报(即有大地震而没有地震蒸汽)与谎报(即有大蒸汽喷发而没有大地震发生);还将讨论卫星数据、地震数据和作为探索者的经验等问题如何影响预报。

2.1　地热喷发的各种形态

本书第 1 章的图 13、14、17、18、20、22、25、28 和 29 已经展示了一些地热喷发,下面将讨论更多的例子。

(1)带状地热喷发

图 30a 展示了 1999 年 8 月 14 日从美国北加利福尼亚州博利纳斯湾(Bolinas Bay)向西南方喷出的两条带状地热喷发 G_1 和 G。8 月 18 日,一个 5 级地震(37.9,-122.7)正好发生在博利纳斯湾(红边正方形 E_1)。这次地震是它周围 ±2° 范围内从 1998 年 8 月 13 日到 2000 年 9 月 2 日共 752 天内唯一的 5 级及以上地震。9 月 22 日一个 4.3 级地震(38.4,-122.6)又发生在博利纳斯湾(红边青心方形 E),且此外无其他地震发生。两个地热喷发恰好与两个地震一一对应,且蒸汽源对应震中,蒸汽量对应震级,地震发生在地热喷发后 112 天内。

图 30b 描绘了 1999 年 8 月 15 日从智利海岸(红方形 E_2)向北飘移的带状地热喷发 G_2。8 月 22 日一个 6.4 级地震正好发生在喷口 E_2(-40.5,-74.8)。这次地震是在以 E_2 为中心 ±20° 范围(20.5~60.5,54.8~94.8)内从 1998 年 9 月 4 日到 1999 年 9 月 14 日共 376 天内唯一大于或等于 6.4 级的地震。

图 30c~d 显示了红外光与可见光对 2001 年 3 月 20 日同日从南加利福尼亚州霍利斯特(Hollister,红圈 E_3)同地向南的地热喷发 G_3 的区别。图 30d 中红圈为寿仲浩在 4 月 3 日向美国地质调查局和公众预报的在 4 月 3 日至 7 月 2 日有一次大于或等于 4 级地震的面积窗口(表 11 的 57 号预报)。7 月 2 日至 3 日,三个 4 级和以上地震精确地发生在预报范围内(36.7,-121.3)。这三个地震是 1990 年 4 月 19 日到

2003 年 12 月 21 日共 4 995 天在围绕震中 ±2°范围内唯一的"三兄弟"。可见光（图 30d）清晰地展示了蒸汽喷口，红外图（图 30c）没有展示。这个对比说明，波长的不同影响着地震蒸汽的形态。带状地热喷发的非气象学形态和上述它们与地震的高度吻合表示了地热喷发来自于即将发生的地震和风力微弱。

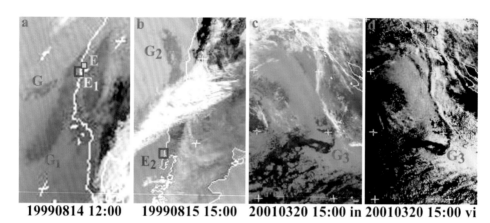

图 30　带状地热喷发

注：图 a：黑色带状地热喷发 G_1 和 G 分别预报了北加利福尼亚州 8 月 18 日 5 级地震（红方形 E_1）和 9 月 22 日 4.3 级地震（红边青心 E）。图 b：带状地热喷发 G_2 预报了 8 月 22 日智利 6.4 级地震（红方形 E_2）。图 c~d：分别展示了红外图与可见光图在同一区域和同一时间对同一地热喷发 G_3 面貌的比较。图像和地震数据分别来自 DU 和 USGS。除最后一张图像外，其他都是红外图。

（2）变色地震云与地热喷发

图 31 描述了 2003 年 8 月 20 日 UTC3：00 在日本和俄罗斯均能看到的同一地区上空出现的相同的地震云和地热喷发，其中图 31a 和图 31c 为可见光（波长 0.5~0.7 μm），图 31b 和图 31d 为红外线（波长 10.3~11.3 μm）。地热喷发比地震云热，它的蒸汽分子之间的平均距离较大，可能大于 0.7 μm，小于 11.3 μm。所以，可见光能够完全穿过地热喷发，然后被海水吸收，显示出深黑色（图 31a 中的 G_v）；而红外光有部分被地热喷发反射回卫星相机，所以显示出浅灰色（图 31b 中的 G_i）。

尽管地震云比地热喷发冷得多，但仍然温暖，并且有一定的厚度。因为可见光波长是红外线波长的 1/20，所以它反射的机会要比红外线强 20 倍左右，于是地震云（如图 31a 中的 C_{v3}）在可见光中看起来较白，而在红外线中较灰（如图 31b 中的 C_{i3}）。当地震云又冷又厚时，可见光与红外线可能没有差别，即 C_v 与 C_i 可能有相同颜色。图 31a 中地热喷发 G_v 从震中向东北喷发，它的两旁就冷却变成地震云（C_{v1} 与 C_{v2}）。

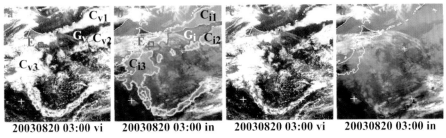

图31 波长对地震蒸汽面貌的影响

注:这4张图发生在相同时间(2003年8月20日 UTC 3:00)和相同地点(日本和俄罗斯均可见的同一地区)。图 a 和图 c 是可见光,图 b 和图 d 是红外线,图 c 和图 d 是原始图像。红正方形标绘2003年9月25日日本 8.3 级地震震中。粉红和青色依次勾画地热喷发和地震云。卫星图像与地震数据分别来自于 DU 和 USGS。

(3)斑点状地热喷发

图32展示了2000年1月30日在中国台湾出现的几个斑点状地热喷发。在之后的46天内有8个地震"精确地"发生在这些黑色斑点中(表5)。这些地震和相应地热喷发点间的纬度和经度的平均绝对误差分别为 0.09°和 0.15°。地热喷发与相应地震间在空间上的高度吻合,表示了蒸汽前兆预报地震非常精确,也表示了这些地热喷发产生在温和的气候状态中。因此,蒸汽前兆能用于校验地震数据的遗漏。在地震数据库中,数据的遗漏是常见的。例如在这8个地震中,美国地质调查局和中国台湾气象部门依次只报告了4个和6个(表5)。表5还展示美国地质调查局和中国台湾气象部门在震中方面的数据相当精确,但震源深度数据误差很大。

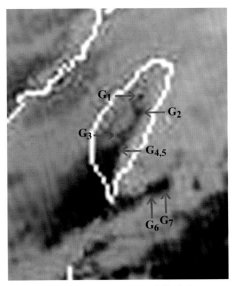

图32 中国台湾斑状地热喷发

注:卫星图像来自 DU。

图32中7个黑斑点表示2000年1月30日UTC3:00出现在中国台湾上空云的斑状地热喷发。同日,寿仲浩用箭头标出这些斑点并向公众预报地震。在之后的46天内有8个地震"精确地"发生在上述黑斑点内。

表5　中国台湾地热喷发与它们对应的地震

地热喷发					地震							
日期（UTC）	时间	序	纬度	经度	日期（UTC）	时间	纬度	经度	震级 ML	震级 mb	震源深度/km	来源
20000130	3:00	1	24.4	121.1	20000131	21:11	24.37	120.9	4.6		4.2	T
					20000216	19:48	24.35	120.8	4.0		7.4	T
		2	24.0	121.2	20000130	20:21	23.90	121.31	4.8	4.1	33	U
							23.90	121.31	4.8		7.5	
		3	23.5	120.7	20000131	2:57	23.51	120.48	4.2		4.7	T
		4	23.2	120.7	20000215	21:33	23.35	120.93		5.3	33	U
							23.33	120.75	5.6		21.1	T
		5	23.2	120.7	20000216	0:33	23.33	120.75	4.5		13.4	T
		6	22.2	121.4	20000226	8:23	22.24	121.37		4.1	33	U
		7	22.2	121.8	20000316	0:37	22.06	121.62	5.0	4.8	33	U

注:(1)序即顺序号,来源 U 代表 USGS,T 代表中国台湾气象部门;
(2)地热喷发点的经纬度从卫星图像直接计算得来,有 0.2° 的误差。

(4)与台风关联的地热喷发

如图33所示,当一个地热喷发与台风云交汇时,会产生奇特的变形云。图33展出了如此的一个范例。2003年8月22至23日,一台风云(图33a~e中C)从多米尼加共和国的东南旋转并飘向西北,遇到从多米尼加喷出的地震蒸汽。这蒸汽融化了部分台风云,形成罕见的锯齿形地热喷发(粉红边)。与此同时,普拉塔港(Puerto Plata)机场P(19.8,−70.6)在8月22日记录了一个奇异的温度脉冲:10分钟内温度上升了10℃,即从8月22日UTC20:50(LT16:50)的28℃上升到UTC21:00(LT17:00)的38℃,且这个温度是从8月1日到9月30日的最高温度。与该奇异的地热喷发和奇异的温度脉冲相应的是,2003年9月22日多米尼加共和国发生了6.6级地震(19.8,−70.7)。这次地震是以震源为中心±10°范围(9.8~29.8,60.7~80.7)和从1997年7月10日到2007年11月28日共3 794天内最大的地震。

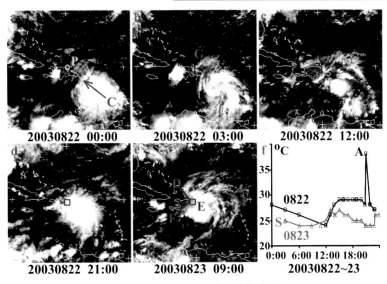

图 33　与台风云关联的地热喷发

注:图 a:红方形 E 和青圆 P 分别标绘 2003 年 9 月 22 日多米尼加共和国 6.6 级震中和普拉塔港机场。8 月 22 日 UTC 0:00 台风云 C 逆时针旋转着向西北飘移(箭头)。图 b~e:地热喷发 G(粉红边)和台风云 C 相遇(UTC 3:00),变强并改变台风云外形(12:00 至次日 9:00)。图 f:8 月 22 日 UTC 21:00 当台风云 C 覆盖震中 E 时,普拉塔港机场记录了一个温度脉冲 A。卫星图像和温度数据分别来自 DU 和 WU。

（5）与地形相关的地热喷发

图 34 再次展示在图 28 中讨论过的伊朗地热喷发。它们的位置和形状与地形相关。从克尔曼喷出的部分蒸汽向西沿山脉上升,融化部分由西向东的气象 - 地震蒸汽混合云,形成地热喷发 MIJ(图 34b~c),它的位置和形状与图 34e 地图中山脉 MIJ(马沙爱 Masahun、阿拉柴 Ilazaran、杰贝尔巴雷兹 Jebal Barez)的位置和分布巧合。另一部分蒸汽受东北库帕耶山(Kuhpayeh)阻挡,沿山南麓上升,融化部分由西向东的气象 - 地震蒸汽混合云,形成地热喷发 G,它的位置与库帕耶山的位置巧合。这两个巧合暗示上述地热喷发与地形相关。

有人可能会问,地震蒸汽怎样能够从克尔曼到达杰贝尔巴雷兹山脉？在克尔曼与办姆之间有一条沿着塔赫鲁德河及其支流的高速公路,这里的湖和河、高速公路有较低的地势,让蒸汽到达杰贝尔巴雷兹山。当很多蒸汽喷发在 UTC15:00(图 34d)在克尔曼上空形成厚云时,克尔曼机场在 UTC14:20(LT18:20)记录了一个温度脉冲 141 ℃ (图 28b,表 4)。

第 1 章讨论了 2004 年 12 月 14 日图 14 中一条 370 km 长的线性云,这条云预报了 2005 年 2 月 22 日的克尔曼 6.5 级地震,因此 2004 年 12 月 15 日的地热喷发应当对应 6.5 级后围绕着克尔曼的中等地震群(图 34f)。因此,传统所认为的后震也有独立的蒸汽喷发。

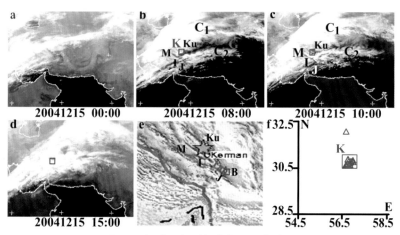

图 34   与地形关联的克尔曼地热喷发

注：图 a~c：红方形 K 标绘克尔曼（Kerman），它的地震蒸汽形成两个与地形相关的地热喷发 G（粉红边）和 MIJ（粉红边）及混合气象云 C_1 和 C_2。图 d：克尔曼机场在 UTC 14：20 云覆盖时记录了 141 ℃的温度脉冲（见图 28b）。图 e：M—马沙爱山（3 600 m），I—阿拉柴山（4 420 m），J—杰贝尔巴雷兹山，Ku—库帕耶山（3 142 m），Tah—塔赫鲁德湖（Lake Tahrud）。图 b 中地热喷发 MIJ 的位置和形状与图 e 中山脉 M-I-J 的位置和形状相吻合。图 f：红正方形 E 和蓝三角形分别标绘 2005 年 2 月 22 日克尔曼 6.5 级地震及其 ±2° 范围，震后 112 天内震级 ≥ 4 的 12 个地震。其中 11 个在距 6.5 级地震中 23 km 内。卫星图像来自于 DU；地震数据和地震图来自 USGS。

2.2   各种各样的地震云

前面已经讨论过北岭地震云（图 5）、办姆地震云（图 9、10）、伴随着地热喷发的第二次办姆地震云（图 13）、伴随着地热喷发的克尔曼地震云（图 14）、伴随着第二次地热喷发的克尔曼地震云（图 17）、伴随着地热喷发的恰克郎特地震云（图 18）、伴随着地热喷发的印度洋海啸群震地震云（图 22）、伴随着地热喷发的第二次印度洋海啸地震云（图 25）、土耳其地震云（图 27）、伴随着地热喷发的克尔曼中等群震地震云（图 28）和伴随着地热喷发的斐济地震云（图 29），接下来将讨论更多的地震云形态。寿仲浩在预报办姆地震的时候，估计在喷口附近可能有一座山。因为这个山可能有一个所谓的断层，他不得不把预报面积从围绕着喷口很小的点扩大到所谓的断层 AB（图 10）。之后美国地质调查局发布的办姆地震地图印证了寿仲浩的猜想：图 34e 中的杰贝尔巴雷兹山 J 正好与图 10 中 AB 吻合，因此喷口预报震中非常精确。他还发现，克尔曼、办姆间的高速公路和它所沿途的湖、河（图 34e）可能是办姆地震蒸汽到克尔曼形成一个 12 ℃温度脉冲（图 28a）的通途。

（1）与地形相关的地震云

图 35 描述了 2001 年 7 月 9 日至 10 日在加拿大阿尔伯塔省（Alberta）上空形成的两条地震云。这两条云的蒸汽可能有两个来源：一个是落基山脉（Rocky Mountains）；另一个是近太平洋海底，虽然它们看起来好像从落基山升起。从海底喷出的高温高压蒸汽随西风越过温哥华，沿落基山上升（海拔 4 400 m）并冷却成云，因此它们看起来好像从落基山升起。较长云长 330 km（图 35c 的 C_1），显示震级大于或等于 6。于是，寿仲浩在 7 月 16 日向美国地质调查局预报了在东太平洋和南阿尔伯塔（<53，−120~−112）75 天内将有一次 6 级或以上地震（表 11 的 61 号预报）。7 月 31 日，寿仲浩发现他的预报面积太小，改成（42~53，<−112）（表 10 的 D23 号预报）。2001 年 9 月 14 日，一个 6 级地震发生在他修改过的面积内（48.7，−128.7）。这是 2001 年 1 月 12 日到 9 月 13 日共 245 天和（42~53，112~135）范围内唯一的大于或等于 6 级的地震。另一方面，在阿尔伯塔省没有任何地震发生。图 35e 描绘了 2001 年 7 月 1 日到 9 月 14 日温哥华日最高温度的变化，7 月 10 日达其最高值 25.6 ℃（峰值 A），它正好发生在云 C_1 长度达到最长的时候。这个巧合证明了蒸汽来自海洋。像其他地震，温度峰值 B 产生在震前几天内。

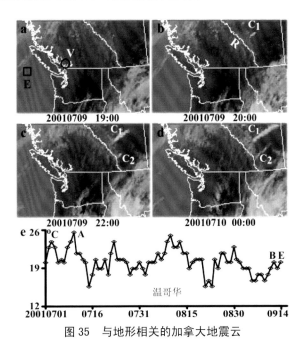

图 35 　与地形相关的加拿大地震云

注：图 a~d：正方形 E 和圆 V 分别标绘 2001 年 9 月 14 日加拿大近海地震（48.7，−128.7）和温哥华机场（Vancouver）。C_1 和 C_2 为 2001 年 7 月 9 日至 10 日出现在落基山脉（R）的地震云。C_1 长 330 km。图 e：温哥华 2001 年 7 月 1 日至 9 月 14 日的日最高温度，7 月 10 日达其最高峰值 A，震前两天达另一峰值 B，E 表地震日期。卫星图像和温度数据分别来自美国海洋大气管理局（NOAA，http://www.goes.noaa.gov/）和 WU。

这个例子还展示了卫星图像问题,因为人为限制温度高于 69 ℃将在图像上呈现相同的黑色,因此不能区别最热的震中与次热的邻域。这次地震的前后两个预报都有美国地质调查局签字,照理应以第二次修改后的正确预报为准,可是多年后美国地质调查局的杂志发布评估方法的时候要求预报不能修改,所以在第 3 章用美国地质调查局方法评估的时候,本书采用第一次没有修改过的错误预报并扣分。

（2）波形地震云

图 36a 是波形云形成示意图。当地震蒸汽从一排喷口喷出,且风垂直于喷口排列方向时,就形成波形云。图 36b 记录了 2000 年 12 月 4 日 UTC 8：00 在日本中部向东北飘移的波形地震云。此图像是一位日本网友发给寿仲浩询问其中有没有地震云。寿仲浩向他指出有波形地震云,并预报在这个蒸汽源(约 37,138.5)附近,±2°范围和 48 天内将有一个大于或等于 5 级地震。2001 年 1 月 4 日,一个 5.5 级地震(37,138.6)发生在预报范围内。这次地震是从 2000 年 7 月 16 日到 2001 年 3 月 29 日共 257 天和离震中 ±2°范围内唯一的大于或等于 5 级的地震。

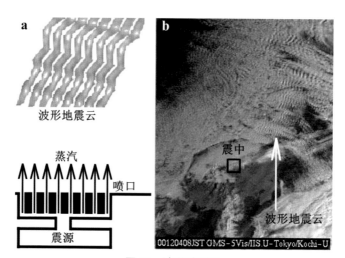

图 36　波形地震云

注：图 a：波形地震云形成示意图。图 b：正方形标绘 2001 年 1 月 4 日日本 5.5 级地震震中(37,138.6)。2000 年 12 月 4 日 8：00 波形云从震中出现向东北飘移并变大。地震数据来自 USGS,卫星图像来自日本高知大学(Kochi Univ, http://weather.is.kochi-u.ac.jp/archive-e.html)。

（3）火箭形、羽毛形、灯笼形斑点状地震云

图 37 展示了寿仲浩在美国加利福尼亚州帕萨迪纳(Pasadena：34.14,-118.14)拍摄的 6 张不同形状的地震云照片。图 37a 是北岭地震云,它只存在 35 分钟,从 1994 年 1 月 8 日 UTC15：15(LT 7：15)到 UTC15：50(LT 7：50)。这云有一个大的仰角,

说明震中与帕萨迪纳距离很近。寿仲浩估计 30~50 km，但在预报中扩大到 100 km 内。他预测这是一次强烈的地震。

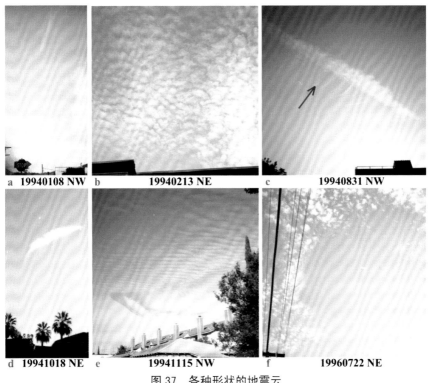

图 37　各种形状的地震云

注：图 a：1994 年 1 月 8 日的线性云，寿仲浩用它预报了 1 月 17 日的北岭 6.7 级地震。图 b：1994 年 2 月 13 日的波形云，寿仲浩用它预报了 3 月 20 日的北岭 5.3 级地震。图 c：1994 年 9 月 1 日 UTC 2：00（LT 8 月 31 日 18：00）的线性云，它是变形的波形云，寿仲浩预报了 9 月 1 日 UTC 15：15 北加利福尼亚州近海的 7.1 级地震。图 d：1994 年 10 月 18 日羽毛形云，寿仲浩用它预报了 1994 年 10 月 27 日发生在俄勒冈近海的 6.3 级地震。图 e：1994 年 11 月 15 日灯笼形云，寿仲涛用它预报了 1995 年 2 月 19 日发生在北加利福尼亚州近海的 6.8 级地震。图 f：1996 年 7 月 22 日在帕萨迪纳东北方向的辐射状云正好对应 8 月 14 日约书亚树（Joshua Tree）的 4.4 级地震。

1994 年 1 月 17 日 UTC 12：30（LT 4：30），寿仲浩感觉床突然上升，立即大叫"地震！"唤醒女儿，他站起并感到地面上升下降各 30 多厘米（一尺）几个来回，然后前后摇摆各 30 多厘米几个来回，共 30 秒，他无法挪动一步。幸亏他们的公寓结实没有倒塌，这时邻居的黑狗才开始"汪汪"大叫起来。寿仲浩回想起他看过的科教片，说地震不必害怕，从你感觉地震到房屋倒塌有 3 分钟准备期。这是不真的！几天以后，一个从北岭震区逃生的人告诉寿仲浩，他的床升降达 3 米，人被抛到空中。寿仲浩参观了加利福尼亚州一个地震遗址，看到落差遗迹竟达 8 米。

图 37b 展示了 1994 年 2 月 13 日出现的波形地震云。根据这条云，寿仲浩 3 月

15 日向美国地质调查局正确预报了 3 月 20 日北岭发生的 5.3 级地震（表 11 的 3 号预报）。

图 37c 记录了 UTC1994 年 9 月 1 日 2:00（LT8 月 31 日 18:00）一条突然出现在帕萨迪纳西北方向的线性云，它是波形云的一个变种，当风与正在喷发的一排喷口平行时云形成了一条直线，图中的箭头指示着其中一条云尾，在 13 小时后也就是 UTC 9 月 1 日 15:15 一个 7.1 级地震产生在北加利福尼亚州近海岸（40.4，-125.7）。它是震中 ±20° 范围（20.4~60.4，105.7~145.7）和 1992 年 6 月 29 日到 1999 年 10 月 15 日共 2 665 天内唯一的 7 级及以上地震。

图 37d 显示了一条羽毛形地震云，寿仲浩用它在 1994 年 10 月 18 日向美国地质调查局预报美国在 25 天内有一次大于或等于 5 级地震（表 11 的 9 号预报）。这个预报是正确的，但因为没有抓住云的初始位置和初始状态，所以面积、震级窗口较大。图 37e 描绘了 1994 年 11 月 15 日出现的一条罕见的灯笼形云。一片巨大的波形云包含一个灯笼形无云空间。这个空间又包含一条灯芯形的线性云。地震蒸汽模型能把这个无云空间解释成地热喷发，而把这条"灯芯"解释成有较高蒸汽压的地震蒸汽在较高海拔处冷凝成云。与该云对应的是 1995 年 2 月 19 日北加利福尼亚州近海的 6.8 级地震（40.6，-125.5），它是 ±10° 范围（30.6~50.6，-135.5~-115.5）和 1994 年 9 月 2 日到 1999 年 10 月 15 日共 1 870 天内最大的地震。图 37f 展示了一条出现在约书亚树（Joshua Tree）公园上空的辐射状云，它的蒸汽可能通过一排弧形喷口，像喷泉一样喷出，形成弧形云。它持续了至少 2 个多小时。与它对应的是一个约书亚树 4.4 级地震（34.6，-116.3）。所有这些云都是气象学没有描述过的（Ahrens，1991），但波形云和幅射状云被作为地震云报道过（吕大炯，1982）。

（4）与地热喷发相关的地震云

图 38 展出了 1997 年 8 月 3 日寿仲浩由帕萨迪纳向正北方向拍摄的一张照片。这张照片展示了一条云中无云的直线（用箭头 4 标出），它在照片拍摄 6 分钟后变成线性白云。在此照片拍摄前，有 4 条这样无云的直线。它们的出现比喷气式飞机还快。它们中的两条已经完全变成白色的线性云（用箭头 1 和 2 标出）。它们中的第三条，部分变成云，且大约 3 分钟后全部成云（箭头 3）。

图 38　线性地热喷发——地震云

注：图中箭头所示 4 条云依次出现在照片拍摄前 10 分钟、8 分钟、3 分钟和小于 1 分钟。它们都突然出现并且看起来像 4 号云一样：笔直、宽度均匀并在云中有一条无云区。经过大约 6 分钟它们从线性地热喷发变成白色线性云。照片中 1 和 2 已经变成白色线性云，线 3 部分变成线性地震云，而线 4 在照片拍摄后变成白云。8 月 16 至 21 日 4 个震级为 3.2~4.9 地震发生在正北。地震数据来自于 USGS。

从 8 月 16 日到 21 日，在云喷发的方向（38~39，118~119）发生了震级为 3.2、4.2、4.9 和 4.8 的四次地震。它们是从 1997 年 8 月 21 日到 1998 年 2 月 24 日共 310 天在上述区域内唯一大于或等于 3 级的地震。其中 3 次 4 级地震发生在 8 月 21 日同一天和密集在（38.57±0.01，-118.49±0.01）。迅速出现、宽度均匀、轨迹笔直的地震云，由无云变成云的演变以及云与地震间的吻合，有力地证明了地震蒸汽理论。

（5）多源蒸汽合成的地震云

蒸汽能从多个邻近震源通过同一主裂缝喷出形成一条线性地震云（图 39a）。图 39b 展示了如此的一个实例。1999 年 12 月 24 日 UTC10：00 在中印度洋上空出现一条 590 km 长的线性地震云。凭此寿仲浩向美国地质调查局和公众预报了从 1999 年 12 月 27 日到 2000 年 2 月 10 日，在印度洋南纬 20°以南有一次 7 级或以上地震。他进一步预报，震中在（-28~-25，60~80）之间（表 11 的 41 号预报）。但不是一个 7 级地震，而是六个 5~5.7 级地震，出现在预报的时间和精细预报的面积内。这六个地震是从 1994 年 5 月 27 日到 2002 年 8 月 12 日共 3 000 天内，整个印度洋唯一的一组震级大于等于 5 级的地震（Harrington，Shou，2005），且六个震中密集在（-27.7~-27.6，65.7~65.8）范围内。

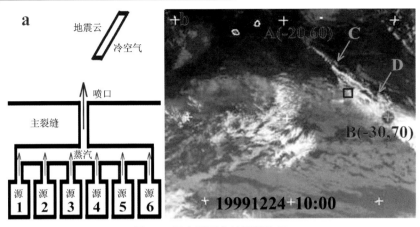

图 39 印度洋混合地震蒸汽云

注：图 a：该示意图表明来自于独立的邻近震源（例如源 1~源 6）的蒸汽（小箭头）能通过同一条主裂缝喷出（大箭头），
形成一条线性地震云。图 b：1999 年 12 月 24 日在印度洋上空的一条真实的线性地震云，红方形为震中。卫星图像来
自于 DU。

这个现象，也出现在地热喷发中。例如 2000 年 2 月 23 日在土耳其产生的两个
地热喷发包，预报了 2000 年 4 月 2 日在包 B 和 5 月 7 日在包 C 的各两个 4 级地震
（图 20，表 2）。2001 年 3 月 20 日在加利福尼亚州霍利斯特（Hollister）的一个地热
喷发，预报了 7 月 2 日至 3 日在霍利斯特的三个 4 级地震（图 30c~d）。

（6）线性地震云

图 40 展示了线性地震云的几个例子，它们区别于气象云的主要特性是：突然出
现、均匀宽度和异常长度。异常温度当然是重要的，但要处在下风向，且这类温度常
因不易理解而被大量删除。图 40a 所画为 1990 年 6 月 20 日突然出现在杭州（30.2，
120.2）正西偏北的一条又粗又长的线性云。那天杭州万里无云，寿仲浩在上午 11：45
（UTC3：45）发现正西偏北天空有一条从地而起的斜的罕见的线性云，长度估计上千
千米，而半小时前却没有。气象学无法解释它的突然出现、均匀宽度和异常长度。立
即，寿仲浩指着那条云，向身边的两位同事说："看，地震云！"并预报在云出来的地方
将有一个唐山地震般的大地震（附录 1）。寿仲浩想拍下照片，但他当时的照相机不
能摄云。17 小时后，一个 7.7 级地震发生在伊朗雷什特（Rasht）。它是 1978 年 9 月
17 日到 1997 年 5 月 9 日 18 年内在杭州西北（30~90，0~120）范围内唯一的 7 级及以
上地震。这是寿仲浩的第一次地震预报，且非常成功。

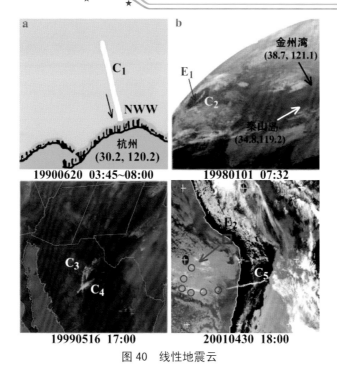

图 40 线性地震云

注:图 a:1990 年 6 月 20 日 UTC3:45~8:00 杭州正西偏北天空的线性地震云 C_1。图 b:1998 年 1 月 1 日阿富汗和中国新疆上空的灯笼形云 C_2。红箭头标绘 2 月 4 日阿富汗地震震中,卫星图像来自于伦敦大学学院(UCL; ftp: //weather. cs.ucl.ac.uk/Weather/)。图 c:1999 年 5 月 16 日 17:00 墨西哥上空的两条线性云 C_3 和 C_4。卫星图像来自威斯康星大学麦迪逊分校(SSEC; http://www.ssec.wisc.edu/)。图 d:2001 年 4 月 30 日 18:00 智利上空的线性地震云,红正方形 E_2 标绘 6 月 23 日秘鲁 8.4 级地震震中。卫星图像来自 DU,地震数据来自 USGS。

图 40b 展示了一块灯笼状云 C_2。地震蒸汽加热融化部分气象云,形成一个地热喷发。高压蒸汽继续上升,冷凝成"灯芯"。通过这个分析,寿仲浩坚信它是地震云。因为这个卫星图没有坐标,他对照地图找到两个参照点金州湾(38.7, 121.1)和秦山岛(34.8, 119.2),如箭头标示,以此来估计震中和震级。1998 年 1 月 5 日,他向美国地质调查局预报在阿富汗及其邻域(25~41, 53~105),从 1 月 5 日到 2 月 18 日有一次 6 级或以上地震(表 11 的 24 号预报)。进一步预报:从 1998 年 1 月 5 日到 2 月 4 日在(30~37, 58~95)有一次 6 级或以上地震。2 月 4 日,一个 6.1 级地震发生在阿富汗鲁斯塔克(Rustaq: 36.8~37.3, 69.5~70.1。见 http: //wwwnotes.reliefweb.int/websites/ rwdomino.nsf/069fd6a1ac64ae63c125671c002f7289/60adec26e8c12cdec12565c500395f- ba?OpenDocument。),证实了寿仲浩的粗细预报都成功(如图 40b 中红箭头)。假如这个图像来自印度洋卫星且由邓迪(Dundee)接收站提供,它将含经纬坐标(参看图 10),灯笼云将在图像的正中。那么预报面积窗口将至少缩小至它的 1/20。

图 40c 展现了 1999 年 5 月 16 日 17:00 墨西哥上空的两条线性云 C_3 和 C_4。据

此,寿仲浩向美国地质调查局和公众预报从 5 月 17 日到 7 月 4 日,墨西哥(小于北纬 20°)将有一个大于等于 5 级的地震发生。6 月 15 日一个 7 级地震发生在墨西哥(18.4,-97.4),6 月 21 日另一个 6.3 级地震也发生在墨西哥(18.3,-101.5)。这两个地震发生在卫星图像外 5.5°的地方。因为这图像太小,没能展出整个地震云,扩大了预报面积和震级。

图 40d 展示了 2001 年 4 月 30 日在智利上空出现的一条线性地震云 C_5,它的长度为 650 km,它预示了震级大于等于 7.5。它的尾巴指向太平洋,但没有一个大地震发生在太平洋,6 月 23 日一个 8.4 级地震发生在秘鲁。地震云模型对这个现象的解释是:8.4 级地震的蒸汽从秘鲁喷向太平洋,然后被西风吹向智利,如图中青色箭头与点所示。这个例子揭示了一个卫星图像问题,一个卫星每天生产 96 个图像,但是卫星的拥有者曾只许邓迪接收站每天向公众供应 4~8 张图。这样低的频率使人很难推断云的踪迹。

2.3　几个特殊的例子

(1)地热包

图 41 的水蒸气("water vapor",波长 5.7~7.1 μm)系列图像展示了 2003 年 3 月 7 日至 9 日围绕地中海和大西洋(30~90,-20~10)的水汽。来自阿尔及利亚的地热喷发 G(粉红边)穿过直布罗陀海峡进入大西洋,遇到往东北的云 C。地热喷发 G 扩张并逐渐抬起云 C,使它隆起形成一个热包,寿仲浩定义它为地热包(Geobulge)。图 41 的红正方形 E 标绘 2003 年 5 月 21 日阿尔及利亚 6.9 级地震震中(37,3.6),它是震中周围 ±20°(17~57,-16.4~23.6)范围 1990 年 1 月 1 日美国地质调查局建立数据库到 2006 年 1 月 7 日共 5 851 天内最大的地震。地热喷发、地热包和 6.9 级地震在时间地点上的巧合,显示了它们的内在联系。地热包现象容易在卫星的水蒸气频道上发现,对预报地震很有帮助。

(2)地震云与地热喷发的混合

图 42a 显示了 2013 年 1 月 15 日 21:00 在加拿大近海出现的几条宽度均匀的曲线云(C_1~C_5)。2 月 25 日到 3 月 20 日,六个中等地震(M4.1~4.6)发生在加拿大夏洛特女王岛(Queen Charlotte Island,红方块 E_1),它们是地震周围 ±2°(50.4~54.8,-134.4~130)范围 2012 年 11 月 13 日到 2013 年 9 月 2 日共 294 天内唯一的一群六个中等地震。气象学不能解释这组曲线云的均匀性这一事实,它们与中等震群间的巧合暗示了这些云是地震云。

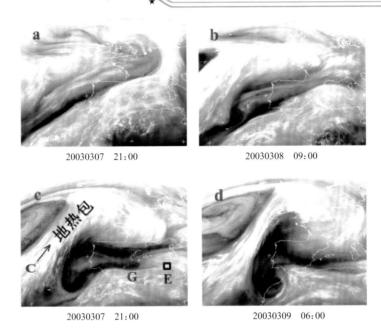

20030307　21:00

20030308　09:00

20030307　21:00

20030309　06:00

图 41　地热包（Geobulge）

注：该水蒸气系列图像描绘了 2003 年 3 月 7 日至 9 日来自地中海的地热喷发 G（黑流，粉红边）进入大西洋，扩张并抬起向东北的气象云 C 形成"地热包"（图 c）。红正方形 E 标绘 2003 年 5 月 21 日阿尔及利亚 6.9 级震中。卫星图来自 DU，地震数据来自 USGS。

1999 年 8 月 3 日，由美国航天局（National Aeronautics and Space Administration，NASA）和美国地质调查局 10 个科学家组成的研究小组用测地形变化的方法预报下一个大地震发生在洛杉矶。许多网友非常害怕，要求寿仲浩对他们的预报进行评估。寿仲浩于 8 月 10 日在其网站写了题为《加利福尼亚州地震形势分析》的评论，并附 7 月 26 日 9：00 卫星云图（图 42b）。寿仲浩在评论中预报，下一个大地震不是发生在洛杉矶，而在卫星云图中他所标明的一个黑色三角形 ABC 或者加利福尼亚州和内华达州的部分黑色边界 de，因为卫星云图的深黑色表示温度高，洛杉矶的颜色远浅于上述两个地区。10 月 16 日，一个 7.4 级地震发生赫克托矿（Hector Mine），在三角形 ABC 中。它是南加利福尼亚州 1994 年 1 月 18 日到 2003 年 12 月 21 日唯一的大地震（表 1），这也宣告了寿仲浩预报的成功。

图 42c 展示了 1999 年 9 月 25 日出现的一条长 550 km 的线性云，它的长度预示震级大于等于 7 级，红色正方形 E_2、红圈 T、粉红圈 P、黑圈 B 和蓝圈 L 依次标绘赫克托矿震中（34.6，-116.3）、29 棕榈村（Twentynine Palms）、棕榈泉（Palms Spring）、巴斯托（Barstow）和洛杉矶（Los Angeles）。图 42d 采用图 42c 相应的颜色描绘上述四个城市的日最高温度变化。它们显示了洛杉矶（蓝色）温度在 9 月 25 日线性云出现前

通常远低于赫克托矿附近的三个城市。这三个城市中，29棕榈村最靠近震中，但它从10月6日到18日完全没有温度记录（红色）。这就像很多土耳其机场在1999年伊兹米特地震前后丢失数据。是不是都因为温度数据太异常？

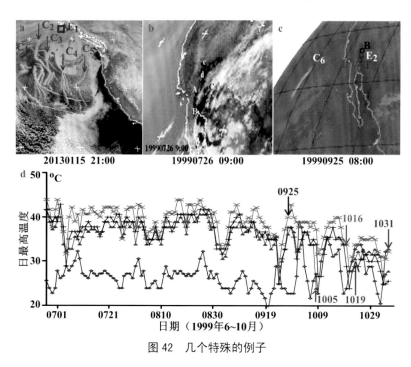

图42　几个特殊的例子

注：图a：C_1~C_5为2013年1月15日出现在加拿大近海的线性地震云，红方形E_1标绘2月25日至3月20日在加拿大近海发生的6个中等地震震中。图b：1999年7月26日加利福尼亚州出现两个黑色区域："ABC"和"de"，它们的颜色比周围（例如蓝圈L）深得多。图c：1999年9月25日一条线性云C_6出现在加利福尼亚州附近，红方形E_2标绘了1999年10月16日赫克托矿7.4级震中，圆圈L（蓝）、B（黑）、T（红）和P（粉红）依次标绘洛杉矶、巴斯托、29棕榈村和棕榈泉。图d：蓝、黑、红、粉红曲线依次描绘从1999年7月1日至10月31日洛杉矶、巴斯托、29棕榈村和棕榈泉日最高温度变化。棕色箭头（9/25）和粉红箭头（10/16）依次表示地震云C_6和赫克托矿地震出现日期。29棕榈村机场在10月5日至19日间没有温度记录（红箭头）。蓝箭头指示洛杉矶10月31日的温度高于其他三地。图a~b和图c分别来自于DU和NOAA（http://www.ncdc.noaa.gov/gibbs/year）。地震数据和温度数据分别来自USGS和WU。

（3）地震蒸汽喷发与地震间的时间间隔

图43记录了2004年11月2日2:30在中国新疆上空的一条线性云。寿仲浩在喷口附近画了一个很小的圈，并在11月9日向公众预报在这个圈内96天内或在云出现后103天内有一次6级或以上地震。2005年2月14日，云出现后的第104天有一次6.2级地震。它正好发生在预报区箭头E所示的蒸汽喷口（41.7，79.4）。

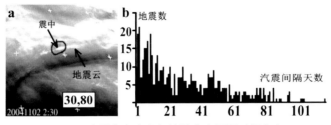

图43 地震蒸汽喷发与地震发生间隔时间分布

注:图a:2004年11月2日一条线性云出现在中国新疆上空。圈为寿仲浩11月9日画的6级地震预报范围,震中箭头指向蒸汽喷口和实际震中。图b:蒸汽喷发与地震发生间持续时间柱状分布图,共509个数据。卫星图像来自DU,间隔时间数据来自地震云与地震短期预报网站。

这次地震,是2003年12月2日以来在预报面积内唯一的大于等于6级的地震,按照预报的时间、地点、震级,它出现的概率是5.3%(或者1/18.8)。从云开始到地震发生的104天内,这次地震是在六分之一的地球(即从南极到北极,从东经30°到90°)范围内唯一的大于或等于6级的地震。这个地区包括土耳其、伊朗、高加索、黑海、里海、土库曼斯坦、巴基斯坦、阿富汗、哈萨克斯坦、塔吉克斯坦、吉尔吉斯斯坦、蒙古、中国西部、印度、也门、阿曼、坦桑尼亚、南非、印度洋等,在这样一个地震活动非常活跃的范围内,随机猜测到这样小的范围几乎是不可能的。可见,这个6.2级地震和上述地震云具有对应关系的。预报时间窗口1天的误差,并不来自蒸汽前兆本身,而是来自一个开拓者探索过程中不可避免的经验问题(Shou,2006a)。

从蒸汽喷发(包括地震云和地热喷发)到与它相关地震之间的时间差,是无人探索过的。寿仲浩用了15年时间(从1990年到2004年)试图发现它的最长间隔,犯了许多错误(表11中有11个时间差错),从1994年25天的时间窗口逐渐增加到49天(Shou,1999)、103天(Harrington,Shou,2005)和112天(Shou,2006b)。图43b展示了509次时间间隔,平均30天,最长118天(但只有一次),次长106天。考虑到美国地质调查局数据有漏报,因此取其平均值112天作为最长间隔。此后,寿仲浩预报过上千次地震,还没有发现一次超过112天,但这仍然是经验的。这个重要的例子展示了地震预报的复杂与艰难。

图43b显示,10%的地震发生在蒸汽喷发后3天内。也有一些地震发生非常快,例如1990伊朗雷什特7.7级地震(死5万人,伤32万人)发生在云出现17小时后(图40a);甚至,1994年9月1日北加利福尼亚州7.1级地震与地震云的时间差只有13小时。为适应这种情况下的疏散,卫星图像应该发布迅速,并且要保证高频率和高精度。

（4）震级划分

图 44 展示了 2003 年 5 月 29 日在伊朗持续 10 小时的地震云，与之相关的是一个 5.6 级地震。它们是寿仲浩在 2003 年 12 月 25 日发布办姆地震预报后，匆忙寻找参照震级时发现的。寿仲浩比较了办姆地震云的 26 小时持续时间和这次地震云的 10 小时持续时间后，立即决定把办姆地震预报的震级从大于或等于 5.5 级提高到大于或等于 6.5 级。当他打开电子信箱，想去通知伊朗朋友时，却发现两封祝他预报成功的贺信：一封来自土耳其教授珊瑞·奥而罕（Cerit Orhan），一封来自中国灾害防御协会顾问陈一文先生。他们惊喜并高度称赞了办姆地震预报的成功。伊朗教授拉尔西·默罕默德（Rasssi Mohammad）说，他非常震惊：你竟敢向无震区预报地震，而且预报得那么精确！

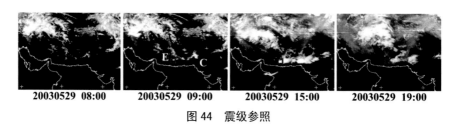

图 44 震级参照

注：红边正方形标绘 2003 年 6 月 24 日伊朗南部 5.6 级地震，5 月 29 日的一条地震云正巧与其相连。图像和地震数据依次来自 DU 和 USGS。

这几个实例表明，正确预报地震有三个要点。

①蒸汽量的比较非常重要。对于首次发现的地震蒸汽（例如图 20、图 22、图 30、图 31、图 32、图 33、图 37、图 38、图 40、图 41、图 42 等），没有样本参照，要正确预报震级是很困难的，在有足够多的例子时经验系数才有可能产生。这个系数得来艰难，但非常有用。对线性地震云，寿仲浩（2006a）提出长度 300 km 和 350 km 依次对应 6 级和 7 级。对于连续蒸汽喷发，持续时间 10 小时和 20 小时依次对应 5 级与 6 级。上述系数依赖于低频率的卫星图像和没有标准化的地震数据，可能有误差。

②预报必须迅速，例如 1990 年的 7.7 级伊朗地震，发生在云出现 17 小时之后（图 40a），北加利福尼亚州 7.1 级地震发生在云后 13 小时（图 37c）等。

③正确的地震数据对于预报地震震级和公正地评价地震预报是非常重要的。所有地震数据都包含两种测量误差：系统误差与偶然误差。表 6（Shou，2006a）记录了 17 个国家提供的 2004 年 12 月 26 日印度尼西亚海啸地震的"A"级地震数据，它们的震级最小的是 5.5，最大的是 8.7。

表6　2004 年 12 月 26 日印度洋海啸地震系统误差表

日期	时间	纬度	经度	震源深度/km	震级		等级	数据来源
20041226	1∶00∶40.0	15	81		mb	7.1	A	LED
20041226	0∶59∶39.0	14.7	94.8	15	mb	6.9	A	INGV
20041226	0∶59∶30.2	3.7	85.4	10	mb	6.1	A	SED
20041226	0∶59∶27.4	11.2	94.1	33	mb	5.9	A	LDG
20041226	0∶59∶23.6	10.5	94.5	33	mb	6	A	LDG
20041226	0∶59∶14.2	6.6	93.8	25	mb	5.6	A	NEWS
20041226	0∶59∶04.9	4.6	93.3	25	mb	5.5	A	NEWS
20041226	0∶59∶04.0	5.7	95.9	30	mb	7.3	A	ODC
20041226	0∶59∶00.0	5.9	98		Mw	8.5	A	FLN
20041226	0∶59∶00.0	5.1	95.5		mb	6.6	A	BRA
20041226	0∶58∶59.3	2.7	92.6	33	mb	6.3	A	NOR
20041226	0∶58∶53.0	8.8	98.2		Mw	8	A	ELRO
20041226	0∶58∶51.0	17	111.2		mb	6.4	A	RNS
20041226	0∶58∶48.0	10.8	98.8		Mw	8.1	A	ELRO
20041226	0∶58∶45.0	3.2	97.6		mb	6.7	A	GFZ
20041226	0∶58∶43.0	3.4	102.7		Mw	8.7	A	EVRO
20041226	0∶58∶41.0	2.6	97.4		mb	6.9	A	GFZ

注：1. 本表数据来自于欧洲 - 地中海地震数据中心（http：//www.emsc-csem.org/cgi-bin/ALERT_all_messages.sh?1）。

2. 机构来源：

BRA：Seismology Division，Slovak Academy of Sciences（斯洛伐克布拉迪斯拉发）

ELRO：Servicio Hydrograficoy Oceanografico de la Armada del（智利）

EVRO：Instituto de Ciencas da Terra e do Espaco（葡萄牙）

FLN：Laboratoire de Détection Géophysique（法国）

GFZ：Geo Forschungs Zentrum（GEOFON）（德国，波斯坦）

INGV：Italian National Seismic Network（意大利，罗马）

LDG：Laboratoire de Détection et de Géophysique（法国，布利斯埃雷勒沙特）

LED：Landsamt für Geologie，Rohstoffe und Bergbau（德国，巴登符腾堡）

NEWS：Norwegian Seismic Array（挪威，谢勒）

NOR：Norwegian Seismic Array（挪威，谢勒）

ODC：Observatories and Research Facilities for European Seismology（荷兰，德比尔特）

RNS：Réseau National de Surveillance Sismique（法国，斯特拉斯堡）

SED：Swiss Seismological Service（瑞士，苏黎世）

解决这个问题的唯一方法,是建立一个人造的地震标准来校验所有的地震测试仪。例如一个化学爆破,它的能量、经度、纬度和深度都可以精确地设计（Shou,

2006a)。可能有人提出，美国地质调查局的数据不是很精确吗？但是没有经过标准化是不可能做到这一点的。例如，美国地质调查局对印度尼西亚海啸地震在海啸前定为8级（Marris，2005），海啸后升为9级。

除了震级误差，表5与表7还展现了数据丢失。表5列出的8个地震中，美国地质调查局漏报4个（50%），中国台湾漏报2个（25%）。《地球物理研究通讯》公开了两组地震数据，一组由希腊地震研究所雅典国家气象台（SI-NOA）提供，另一个由美国海洋大气管理局（NOAA）提供。数据包含1987—1989年发生在（35~42，17~27）范围内的所有大于或等于5级的地震，共58个，前者漏报12个（20.7%），后者漏报19个（32.8%）。假如它们二者共同漏报同一个地震，那么一个正确预报就可能被误判为错误预报。

表7　两个数据库间的比较展示地震数据丢失

序	日期	希腊地震研究所雅典国家气象台				美国海洋大气管理局				差距		
		纬度	经度	震级	丢失	纬度	经度	震级	丢失	纬度	经度	震级
1	19870107	40.37	20.80	5.4		40.45	20.58	5.3		-0.1	0.2	0.1
2	19870213	40.10	20.18	5.4		40.20	19.82	5.4		-0.1	0.4	0.0
3	19870227	38.37	20.42	5.9		38.47	20.20	5.6		-0.1	0.2	0.3
4	19870308	39.52	20.35	5.0		39.47	20.57	5.2		0.0	-0.2	-0.2
5	19870412	35.52	23.52	5.4		35.50	23.37	5.4		0.0	0.1	0.0
6	19870514				1	38.23	22.04	5.0				
7	19870529	37.53	21.60	5.5		37.55	21.57	5.5		0.0	0.0	0.0
8	19870610	37.17	21.47	5.5		37.23	21.47	5.5		-0.1	0.0	0.0
9	19870806	39.22	26.25	5.2					1			
10	19870818	40.22	25.02	5.3					1			
11	19870827	38.93	23.82	5.3		38.90	23.76	5.1		0.0	0.1	0.2
12	19870915				1	37.85	26.93	5.0				
13	19871210	35.40	26.63	5.2					1			
14	19871210	36.65	21.68	5.2		36.63	21.68	5.0		0.0	0.0	0.2
15	19871213				1	37.22	20.48	5.0				
16	19880109	41.22	19.67	5.6		41.25	19.63	5.6		0.0	0.0	0.0
17	19880109	35.82	21.73	5.3		35.83	21.74	5.1		0.0	0.0	0.2
18	19880122	38.63	21.02	5.1		38.64	20.98	5.2		0.0	0.0	-0.1
19	19880218	39.12	23.47	5.1					1			
20	19880308	38.82	21.12	5.1					1			
21	19880326	40.08	19.85	5.4		40.18	19.89	5.3		-0.1	0.0	0.1

序	日期	希腊地震研究所雅典国家气象台				美国海洋大气管理局				差距		
		纬度	经度	震级	丢失	纬度	经度	震级	丢失	纬度	经度	震级
22	19880424	38.88	20.33	5.0					1			
23	19880509				1	37.71	19.97	5.0				
24	19880514	41.83	19.63	5.2					1			
25	19880518	38.35	20.47	5.8		38.42	20.48	5.7		-0.1	0.0	0.1
26	19880522	38.35	20.53	5.5		38.41	20.46	5.3		-0.1	0.1	0.2
27	19880602	38.27	20.37	5.0					1			
28	19880606	38.30	20.48	5.0		38.39	20.47	5.0		-0.1	0.0	0.0
29	19880705				1	38.15	22.85	5.3				
30	19880712	38.78	23.43	5.0					1			
31	19880911	38.15	23.22	5.0					1			
32	19880922	37.98	21.12	5.5		38.02	21.09	5.3		0.0	0.0	0.2
33	19881014	40.17	19.52	5.1		40.15	19.74	5.0		0.0	-0.2	0.1
34	19881016	37.90	20.97	6.0		37.98	20.93	5.8		-0.1	0.0	0.2
35	19881108				1	36.58	22.66	5.2				
36	19881213				1	37.85	21.19	5.0				
37	19881214	39.77	20.32	5.1					1			
38	19881222	38.33	21.75	5.0					1			
39	19890126	40.32	19.03	5.0					1			
40	19890226				1	37.20	20.80	5.1				
41	19890226				1	39.16	24.51	5.0				
42	19890314				1	35.51	23.32	5.0				
43	19890317	41.38	19.70	5.4		41.24	19.89	5.4		0.1	-0.2	0.0
44	19890319	39.28	23.58	5.8		39.25	23.52	5.5		0.0	0.1	0.3
45	19890319	39.23	23.63	5.0					1			
46	19890428	39.27	23.57	5.2					1			
47	19890501	37.18	21.23	5.1		37.21	21.15	5.1		0.0	0.1	0.0
48	19890515				1	38.31	21.82	5.1				
49	19890607	38.00	21.63	5.2		38.06	21.62	5.3		-0.1	0.0	-0.1
50	19890714	41.75	20.22	5.3		41.94	20.02	5.0		-0.2	0.2	0.3
51	19890801	39.20	23.63	5.0					1			
52	19890815	39.17	26.22	5.3					1			
53	19890820	37.22	21.08	5.9		37.28	21.28	5.7		-0.1	-0.2	0.2

续表

序	日期	希腊地震研究所雅典国家气象台				美国海洋大气管理局				差距		
		纬度	经度	震级	丢失	纬度	经度	震级	丢失	纬度	经度	震级
54	19890824	37.92	20.12	5.7		38.00	20.18	5.4		-0.1	-0.1	0.3
55	19890824				1	37.95	20.10	5.0				
56	19890905	40.15	25.17	5.4		40.20	25.09	5.2		-0.1	0.0	0.2
57	19890919	39.48	21.33	5.0					1			
58	19891124	36.73	26.63	5.3					1			
		和或最大值			12				19	0.2	0.4	0.3

注：盖勒（Geller，1996），地球物理研究通讯（GRL）编辑，他代表杂志向公众公开了两套地震数据目录供评论"VAN"方法。

2.4 如何预报地震

前面已经讨论了各种各样的例子来解释如何利用地震蒸汽模型来鉴别地震蒸汽和预报地震，下述是一般方法。

（1）如何预报震中

从地球同步卫星图像中选取波长相同的一系列连续图像，检查是否有蒸汽从一个固定点喷出，或逆风向运动。例如寿仲浩选择了卫星 IODC（0，63）在 2003 年 12 月 20 和 21 日的红外图像（波长 10.5~12.5 μm），用计算机程序"WINDOWS Picture and FAX Viewer"，把鼠标箭头指向办姆，连续按键盘的"→"键，发现屏幕显示一条云从办姆突然冒出并连续喷发达 26 小时的画面。

其次，一个蒸汽喷发的初速度与末速度都比较小，说明它们距离震中较近，因此这两个时刻是发现震中最好的时间。例如，安达曼 6.6 级震中可以在 2004 年 11 月 15 日 3：00 发现，尼科巴 7.5 级地震震中可以在 11 月 16 日 3：00 发现，苏门答腊 9 级地震震中可以在 11 月 16 日 9：00 发现（图 22）。为了缩小面积窗口，卫星图像的高精度与高频率是非常重要的。

上述方法基本有效，但并不完全。例如，土耳其伊兹米特地震震中在卫星图中看不见（图 27）。寿仲浩（Shou，2011）把这个问题归因于卫星图像着色的人为温度限制。例如，与最深色相应的最高温度被人为地限制在 69 ℃（图 26），作为结果，拥有最高温度（300~1 520 ℃）的喷口和它的邻域因为都高于 69 ℃ 而没有色度差，这就严重地影响了发现喷口。假如能够取消这个人为限制，我们就可能在高温环境下精确地确定震中。

（2）如何预报时间

用蒸汽前兆能容易地把地震时间预报在震汽喷发后的 112 天内，平均为 30 天，且 10% 发生在蒸汽喷发后 3 天内（图 43b）（Shou，2006a；Shou，2006b）。应当补充的是，从蒸汽喷发到地震发生可以肯定的最长间隔只有 104 天（图 43a）。如果为人们疏散进行准备，时间窗口应缩小到一星期。为此，寿仲浩（Shou，2011）分析了蒸汽喷发和地震间温度变化，发现两个重要的温度峰值：第一峰值在蒸汽喷发时，第二峰值在震前几天（例如图 8、图 12）。在这两个峰值间，可能出现其他峰值，但它们来自其他地震（图 16、图 18）。因此，用隔离喷口来测量第两个温度峰值能将时间窗口缩小到一星期：10% 的可能在第一次峰值后 3 天内，90% 的可能出现在第二次峰值后几天内。最近，寿仲浩发现第二次温度峰值来自于第二次蒸汽喷发，例如第二次办姆地震云（图 13）和第二次克尔曼蒸汽喷发（图 17）。

（3）如何预报震级

比较蒸汽前兆与其相应的地震，能发现蒸汽量越大，震级越大。由此，寿仲浩（2006a）归纳线性云的长度为 300 km 和 350 km 依次对应震级 6 和 7。对于连续喷发形式的蒸汽，寿仲浩归纳连续喷发 10 小时和 20 小时依次对应震级 5 和 6。因为用地震蒸汽预报震级是通过比较它与以往蒸汽的量，它们相应的震级已记录在地震数据库中，所以数据库误差将两次影响预报震级：第一次是在作预报时，第二次是在报道预报的地震时。因此要精确地预报震级，必须标准化地震数据，克服上述讨论过的种种缺陷（表 6）（Shou，2006a）。此外，还要有高精度的卫星图或其他方法来确定地震个数。假如我们克服以上种种问题，预报的震级就能十分精确。

2.5　卫星图像产生的问题

高精度与高频率的卫星图像，对地震预报来说是至关重要的。但是目前的卫星图像有很多问题。

首先，卫星图像有一个 69 ℃ 的人为最高温度界限。表 4 中许多超过 100 ℃ 的地表温度记录否定了这个界限的科学性。这个人为界限给温度超过 69 ℃ 的空间以同样的色度，混淆了最热的喷口和它周围很热的邻域的区别，给精确地预测热环境下的震中带来了巨大的困难。1999 年土耳其地震云（图 27）给出了一个范例。

其次，图像的发布频率也至关重要。例如北岭地震云从出现到消失只有 35 分钟（图 5），按照 1 小时 1 张图的频率，有 40%（=25/60）的可能会丧失发现该云的机会；按照 3 小时 1 张的频率则有 80%（=145/180）的可能丧失机会。图 40d 的 8.4 级智利地震云揭示了低频率的另一个问题，发现大地震云却找不到它从哪里来。卫星的扫描频率是1小时4张,图像的发布频率应该等于卫星的扫描频率。

再次,图像的精度也非常重要。图45对比了两张卫星图,一张来自欧洲卫星应用组织(EUMETSAT),另一张来自英国邓迪大学(Dundee)。它们来自同一卫星(VISSR)的同一频道(10.5~12.5μm)和同一时间(2005年1月1日0：00)。前者的大小为60 kb,后者207 kb。显然,后者比前者好。

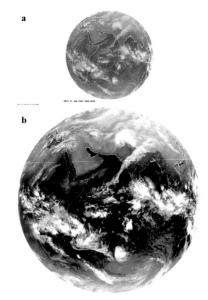

图45　欧洲气象卫星应用组织与英国邓迪大学提供图像的对比

注:图a为欧洲气象卫星应用组织提供的卫星红外图(http://www.eumetsat.int/website/home/index.html),图b为邓迪大学(DU)提供。二者来自同一卫星的同一频道、同一时间。

此外,许多大地震从蒸汽喷发到地震发生的时间间隔是很短的。例如,中国四川的汶川地震发生在2008年5月12日UTC6：28,与它相应的地震云发生在5月11日UTC 18：00,从地震蒸汽喷发到地震发生只有12小时28分。因此,及时地提供卫星图像是必要的。但是,邓迪大学提供该云图的时间是5月14日UTC 5：12,也就是震后2天,这显然太晚了。

另外,卫星图像还有许多技术问题,例如图像残缺,甚至完全没有。不同提供者从同一卫星在同一频道和同一时间获得的图像有的有云,有的无云,真假难辨。为了解决上述技术问题,最好用两颗卫星监测同一地区。因为从卫星扫描、发射到地面站接收、转换信号成图像并发布都需要时间,对于汶川地震这样的短间隔地震,预报是急迫的。

为了缓冲,需要参照完美的地表温度记录和地震数据。例如作者没有1997年的卫星图像,却发现多米尼加共和国的拉斯阿美利加(Las Americas)机场(18.4，-69.6)

1997 年 6 月 2 日 UTC 18：41（LT13：41）的一个 300 ℃的脉冲温度和正北风记录（表 4）。据此作者预测了与其相应的 6 月 8 日在拉斯阿美利加正北的一个 4.3 级地震（18.9，-69.6）。这个地震是该机场东西 ±2.5°范围内从 6 月 2 日到 10 月 27 日共 127 天内唯一的中等及以上地震。二者的巧合意味着它们的内在联系。大面积的异常高温可以预报大地震,它们是非常有用的,却被大量删除（例如图 27、图 28、图 42、表 3、表 4 等）,这严重影响了地震预报。当然,单纯地用异常高温预报地震会产生许多困难。例如上述 300 ℃的异常温度只对应一个 4.3 级地震,2004 年卡拉奇和拉合尔三个超过 100 ℃的异常温度对应的地震远在苏门答腊附近（图 22）。但如果温度记录全面,即气象记录分布稠密且数据如实,固定高频率,不允许删除异常温度,那么它将非常有用。

2.6　误报与漏报

误报与漏报是校验前兆的一个重要标准。

误报是指有地震前兆但没有地震发生。例如美国宇航局（NASA）和地质调查局（USGS）组成的专家小组用当代最先进的科学技术来检测大地形变,并在 1999 年 8 月 3 日预报"下一个大地震将在洛杉矶发生",但洛杉矶至今没有大地震发生。

漏报是指有地震发生而没有前兆。例如唐山地震没有前震前兆。盖勒等（Geller, et al., 1997）发表"地震不能预报"。这意味着所有广泛研究过的前兆中,没有一个是可以信赖的。

地震蒸汽模型展示了每个蒸汽喷发都有一个相应的地震跟随着。例如北岭地震云（图 5）和北岭地震、办姆地震云（图 9、图 10）和办姆地震、土耳其地热喷发（图 20）和土耳其地震（表 2）。

图 32 展示了 2000 年 1 月 30 日在中国台湾上空出现了 7 个斑点状地热喷发的卫星云图,随后 8 个中等地震精确地发生在各个斑点处,这证实了地震蒸汽没有误报（表 5）。此外,在寿仲浩所研究过的地震中都发现蒸汽前兆。下面以 1990 年 1 月 1 日到 2014 年 3 月 31 日发生的死亡人数超过一万的所有大地震为例,看一看它们是否都有蒸汽前兆。

2.7　所有极大破坏性地震的蒸汽前兆

表 8 展示了 1990 年以来的 9 个最大破坏性地震。前面已经展示了 1990 年伊朗雷什特地震云（图 40a）、1999 年土耳其伊兹米特地震云（图 27）、2003 年伊朗办姆地震云（图 9）和 2004 年苏门答腊地震云（图 22）,它们都有蒸汽前兆（Shou, 1999; Harrington，Shou，2005；Shou，2006）。接着将讨论剩下的 5 个大地震。

表 8   1990—2015 年死亡人数超过 10 000 的地震

日期	时间	纬度	经度	震级	国家	死亡人数
19900620	21：00	36.96	49.41	7.7	伊朗	50 000
19990817	1：39	40.75	29.86	7.7	土耳其	17 118
20010126	3：16	23.42	70.23	8.0	印度	20 085
20031226	1：56	28.99	58.29	6.8	伊朗	31 000
20041226	0：58	3.32	95.85	9.0	印度尼西亚	227 898
20051008	3：50	34.43	73.54	7.6	巴基斯坦	86 000
20080512	6：28	31.10	103.28	8.0	中国	87 587
20100112	21：53	18.44	-72.54	7.3	海地	316 000
20110311	5：46	38.30	142.37	9.1	日本	28 050

注：上述数据来自 USGS。

（1）印度古吉拉特 8 级地震

2001 年 1 月 26 日印度古吉拉特地震无例外地都有地震蒸汽前兆和温度异常。图 46b 展示了 2000 年 11 月 7 日 18：00 从古吉拉特 G（Gujarat）突然出现的一条灰色地震云 C_1（紫边）。它向东北移动，在 11 月 8 日 12：00 形成地震云 C_2 和 C_3（图 46c 紫边、青边）。C_3 向东移动，在 11 月 9 日 9：00 变成了一条长 830 km 的线性云（图 46e），它预报了一个 8 级地震即将发生。

在 2000 年 11 月 7 日到 10 日蒸汽喷发期间，新德里（New Delhi）的温度达到了1996 年到 2013 年这 18 年内同日温度的最高记录（图 46f）。同样，拉合尔（Lahore）、勒克脑（Lucknow）、瓦拉纳西（Varanasi）和加尔各答（Kolkata）也有 2~3 天达到各自上述 18 年内同日温度的最高记录。在艾哈迈达巴德（Ahmedabad）温度记录有许多残缺，但也高出 2 ℃，从 11 月 5 日的 33 ℃ 到 11 月 7 日的 35 ℃，并且保持 35 ℃ 达到 4 天（图 46g）。这个 35 ℃ 是从 2000 年 11 月 1 日到 2001 年 1 月 31 日共 3 个月内的最高温度。孟买（Mumbai）和艾哈迈达巴德一样，出现温度异常。图 46a 标绘了这些温度异常的地点，它们都在古吉拉特的下风向。像 29 棕榈村（图 42d）一样，艾哈迈达巴德这个最靠近古吉拉特地震震中的气象台在震前震后删除了许多温度数据（图 46g）。

一个有趣的记录发生在加尔各答：40 分钟内温度上升了 8 ℃，从 2001 年 1 月 26日 10：50（LT 16：50）的 23 ℃ 到 11：30（LT17：30）的 31 ℃（图 46h）。这发生在古吉拉特震后 8 小时。这 8 小时的间隔可能为热量从震中传到气象台所需要。古吉拉特到加尔各答的距离是 1 860 km。

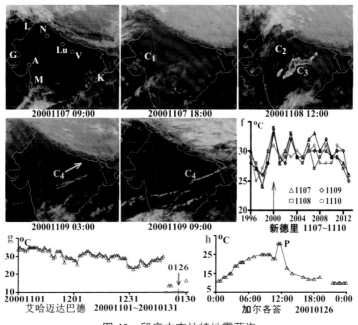

图 46　印度古吉拉特地震蒸汽

注：图 a：红边方形 G 标绘 2001 年 1 月 26 日印度古吉拉特 8 级地震震中。粉红色圈：N—新德里，Lu—勒克脑，V—瓦拉纳西，K—加尔各答，L—拉合尔，A—艾哈迈达巴德，M—孟买。它们在 2000 年 11 月 7~10 日古吉拉特地震蒸汽喷发期间温度异常。图 b~c：11 月 7~8 日，一块灰色地震云 C_1（紫边）出现在震中附近并向东北移动。部分蒸汽东移，上升并形成白色地震云 C_3（青边）。图 d~e：C_3 上升凝聚成稠密线性地震云 C_4（约830km）。图 f：蓝、红、黑和粉红曲线依次展示新德里在 1996—2013 年的 11 月 7~10 日的最高温度。红箭头指出 2000 年达最高值。图 g：艾哈迈达巴德在 11 月 7~10 日丢失了许多温度记录，但剩余记录仍然是从 2000 年 11 月 1 日至 2001 年 1 月 18 日记录中的最高值，且在古吉拉特地震前后没有温度记录。图 h：点 P 展示 2001 年 1 月 26 日古吉拉特震后约 10 小时，加尔各答温度从 10：50 的 23 ℃ 上升到 11：30 的 31 ℃。温度数据来自 WU，卫星数据来自 NOAA。

（2）巴基斯坦克什米尔 7.6 级地震

2005 年 10 月 8 日，巴基斯坦克什米尔地震也有地震蒸汽前兆和温度异常。图 47b~c 展示了 2005 年 9 月 28 日 9：00 在中国新疆上空突然出现的线性地震云。根据这条云，寿仲浩于 2005 年 10 月 7 日 UTC2：25（LT10 月 6 日 18：25，按照洛杉矶 exit 公司对"地震云与短期预报网站"的时间自动记录）向公众预报了在 92 天内在图 47f 所围定的面积内有一个大于或等于 5.5 级的地震。在 10 月 8 日 UTC3：50 发生的一个 7.6 级地震宣告了他预报的成功。

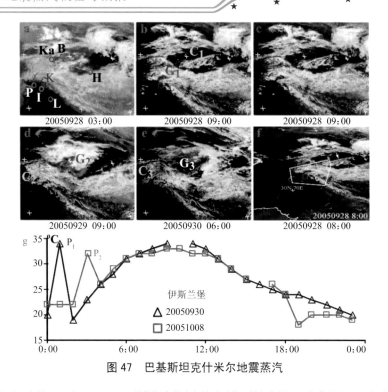

图 47　巴基斯坦克什米尔地震蒸汽

注：图 a：红方形 K 标绘 2005 年 10 月 8 日巴基斯坦克什米尔地震震中。粉红色圈：I—伊斯兰堡，L—拉合尔，P—白沙瓦，Ka—喀什，H—和田，B—巴楚。图 b：2005 年 9 月 28 日一条长约 600 km 的线性地震云 C_1（青边）出现在中国新疆上空，地热喷发 G_1（粉红）出现在震中附近。图 c 是图 b 的原始图像。图 d~e：9 月 29~30 日出现波形云 C_2 和 C_3，地热喷发 G_2 和 G_3（粉红）。图 f：2005 年 10 月 7 日 UTC 2：25，寿仲浩向公众预报巴基斯坦和中国境内地震的原版图像，五边形为预报面积，红方形为实际震中。图 g：9 月 30 日的蒸汽喷发使伊斯兰堡温度 1 小时内上升 14 ℃（P_1 蓝色）；10 月 8 日震前 50 分钟产生另一个脉冲（P_2 粉红）。卫星图像、地震数据和温度数据依次来自 DU、USGS 和 WU。

　　这云长 600 km，预示震级大于等于 7.5。在这以后，寿仲浩（2006a）发表了经验系数，长度 300 km、350 km 的线性云依次对应 6 级、7 级。图 47a 标绘六个城市：伊斯兰堡（Islamabad）、拉合尔（Lahore）、白沙瓦（Peshawar）、喀什（Kashi）、和田（Hotan）和巴楚（Bachu）。在它们所围 340 000 km² 范围内，从 2005 年 9 月 27 日到 28 日，日最高温度上升了 2 ℃。在 9 月 29 日和 30 日，还出现波形云和地热喷发（图 47d~e）。与此相应，9 月 30 日在伊斯兰堡出现一个 14 ℃ 的脉冲 P_1（图 47g 蓝色）：从 9 月 30 日 UTC 0：00 的 20 ℃（LT5：00）到 UTC1：00 的 34 ℃（LT6：00）。在 2005 年 10 月 8 日震前，伊斯兰堡出现另一个脉冲 P_2（图 47g 粉红）：从 10 月 8 日 2：00 的 22 ℃ 上升到 3：00 的 32 ℃，即 1 小时内上升了 10 ℃，50 分钟后地震发生。

（3）中国四川汶川 8 级地震

2008 年 5 月 12 日，中国汶川地震同样有地震蒸汽前兆和温度异常。图 48a~b

展示了 2008 年 5 月 11 日 UTC 9：00 从四川、云南突然喷发的一群地震云 C_1。图 48d 展示了 5 月 11 日 UTC 18：00 两条线性地震云：C_2 长 300 km 和 C_3 长 470 km。它们正好预报了 5 月 12 日的一次 6.1 级地震和一次 8 级地震（红方形 E_1）。

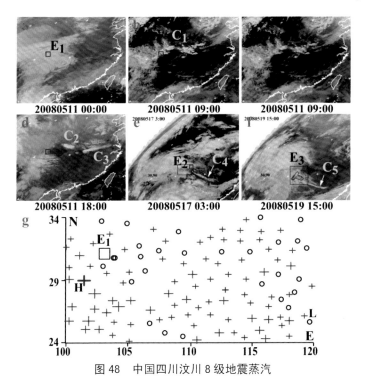

图 48　中国四川汶川 8 级地震蒸汽

注：图 a：红方形 E_1 标绘 2008 年 5 月 12 日汶川 8 级和附近 6.1 级地震震中。图 b：5 月 11 日 9：00 地震云 C_1（青边）出现在汶川附近。图 c 是图 b 的原始图像。图 d：两条线性地震云 C_2 和 C_3 预报两个地震：一个 6.1 级和一个 8 级。图 e~f：应公众要求寿仲浩在 5 月 20 日公布了两个四川大地震的原版图像，C_4 和 C_5 为线性地震云，黑方形为预报面积，红方形 E_2 为 8 月 5 日 6 级震中（32.7，105.5），E_3 为 5 月 25 日 6 级地震震中（32.6，105.4）。图 g：黑边正方形标绘汶川，黑圆圈和红色小中大"+"依次标绘从 5 月 10 日到 11 日间日最高温度变化依次为 -1.9~1.9 ℃、2~4.9 ℃、5~7.9 ℃ 和 8~10.9 ℃。这 119 个气象站中，117 个记录有温度升高，平均增加 3.4 ℃。最大红色"+"H 为九龙，黑圆圈 L 为平潭。卫星图像、地震数据和温度数据依次来自 DU、USGS 和 NCDC。

　　时值寿仲浩患晚期淋巴癌，收到无数网友来信要求看看四川还有没有大地震，信任难却，查到两条地震云：一条在 5 月 17 日 3：00，另一条 5 月 19 日 15：00。据此，5 月 20 日他在其网站上展出这两条云，各附一个黑边方形以示预报面积（见图 48e~f），并预报在 110 天内在图中所示方形内各有一次 6 级或以上地震。果然，两个 6 级地震分别在 5 月 25 日、8 月 5 日发生。

　　四条强地震云预报四个大地震，没有误报。这四个地震是在（20~40，100~120）约 4 200 000 km² 范围内从 2007 年 6 月 3 日到 2013 年 4 月 19 日共 5 年 10 个月内所有的大地震。所有四次大震都有蒸汽前兆，没有漏报。

图48g描绘了从2008年5月10日到11日在(24~34,100~120)约2 100 000 km²范围内119个气象站记录的日最高温度,其中117个温度升高,平均升高3.4 ℃,最大升高是九龙(Jiulong)的9.5 ℃,最大降低是平潭(Pingtan)的-1.6 ℃。这个大面积温度突然升高的热能,不单单来自8级和6.1级的大地震,还来自于四川和云南的许多中等(4~5.9级)地震和地震云(图48b)。

(4)海地7.3级地震

在2010年1月12日海地(Haiti)7.3级地震(18.4,-72.5)前,也出现地震蒸汽前兆和温度异常。图49a展示了2009年12月29日UTC 12:00出现的一条地震云C_1和一个地热喷发G。图49b~d显示12月30日喷发增强,且地震蒸汽实际上逆风喷向西南,然后被西风吹向东北,形成一条线性云,长约650 km,即预示了7级地震。图49a中红色、粉红色、绿色、青色和蓝色圆依次标绘机场温度至少增加1 ℃并且记录缺失较少、温度至少增加1 ℃但记录丢失较多、温度无变化、温度减少和记录丢失很多。在图49a中,B代表巴拉奥纳(Barahona),L代表拉斯阿美利加(Las Americas),Pn代表蓬塔卡纳(Punta Cana),S代表圣地亚哥(Santiago),Gu代表关塔那摩湾(Guantanamo),K代表金斯敦(Kingston),Pe代表利蒙港(Puerto Limon),Bl代表布卢菲尔兹(Blue Fields),Ca代表开曼布拉克(Cayman Brac),Ba代表巴兰基利亚(Barranquilla),C代表喀他赫纳(Cartagena),H代表奥尔金(Holguin),M代表蒙特戈贝(Montego Bay),O代表欧文罗伯茨(Owen Roberts)。蓝色圈P太子港(Port-Au-Prince)温度记录丢失很多数据。

这些地震云与地热喷发使多米尼加共和国(Dominican Republic)的温度异常。圣地亚哥在2009年12月30日产生一个温度脉冲:1小时内温度上升5.4 ℃(图49e);巴拉奥纳、拉斯阿美利加和蓬塔卡纳在2009年12月29日的温度达到1996年到2012年这17年内的同日最高值(图49f)。巴拉奥纳、拉斯阿美利加和蓬塔卡纳到震中的距离依次为145 km、290 km和427 km。它们都在下风向,越靠近震中温度越高(图49f)。海地只有太子港机场记录气象数据。不幸的是,在蒸汽喷发期间,它丢失了许多数据(图49g)。是否因为这些数据太异常了?沿着线性云,布卢菲尔兹、利蒙港、金斯敦和关塔那摩湾从12月29日到30日温度也轻微地上升了1℃。

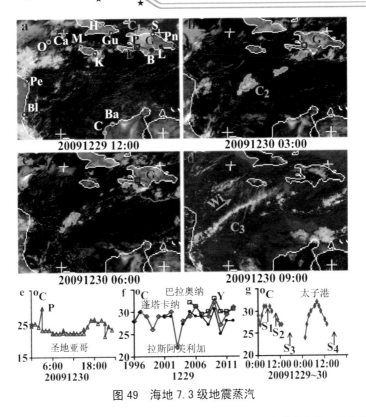

图 49　海地 7.3 级地震蒸汽

注:图 a:红边方形 E 标绘 2010 年 1 月 12 日海地地震震中。2009 年 12 月 29 日,地热喷发 G(粉红边)和地震云 C₁(青边)出现在震中附近。图 b~c:12 月 30 日地震蒸汽变强,并向西南逆风喷发,形成地震云 C₂。图 d:西风 Wi(青箭头)将 C₂ 吹向东北,形成云 C₃,长度达到 350 km。图 e:点 P 展示了圣地亚哥在蒸汽喷发期间的一个温度脉冲。图 f:粉红正方形、蓝边菱形和黑点依次表示巴拉奥纳、拉斯阿美利加和蓬塔卡纳 1996 年至 2012 年的 12 月 29 日同日的最高温度,Y 表示 2009 年这三个城市同时达到最高值。图 g:海地的太子港是最接近震中的机场,在蒸汽喷发期间丢失了许多温度记录(S₁~S₄)。卫星数据与温度数据分别来自 DU 和 WU。

(5)日本本州 9.1 级地震

2011 年 3 月 11 日日本本州(Honshu)海啸地震同样有地震蒸汽前兆和温度异常。图 50 展示了 2011 年 2 月 23 日至 25 日在日本出现的一群大震蒸汽喷发和与之相关的异常温度。最大的地震是 3 月 11 日本州(38.3,142.4)的 9.1 级地震。在它周围 ±3° 范围内有 64 个大震,其中三个大于 7 级。要用低精度低频率的卫星云图一一检索云与其相应的震中是很困难的,但我们能够从 2 月 23 日 0∶00 的地热喷发 G₁(图 50b 的黄边内)精确地发现 9.1 级地震震中(红正方形)。多震源蒸汽喷发形成混沌,但随着时间的流逝,最强的蒸汽源逐渐显示出它的喷发方向,图 50d~f 的红箭头显示出该地震云(青边)和地热喷发(粉红边)。它们都喷向西南,且尾巴正好连接海啸地震震中。海啸地震从 2 月 23 日 UTC 0∶00 到 2 月 25 日 3∶00 喷了 51 小时,接近于苏门答腊 9 级地震的 57 小时。

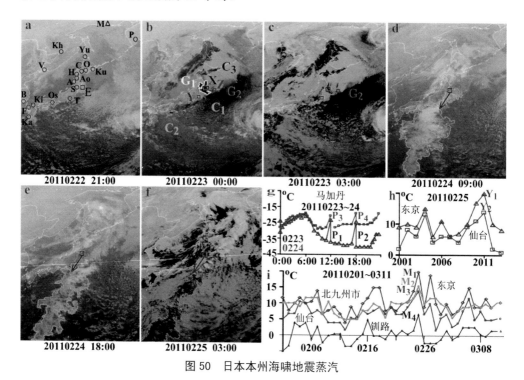

图 50　日本本州海啸地震蒸汽

注:图 a:红方形 E:为 2011 年 3 月 11 日本本州地震震中。在 2 月 23 日至 25 日蒸汽喷发期间,蓝三角 M(马加丹)出现大温度脉冲。红色圆 S(仙台)、T(东京)、Ki(北九州)、Ka(鹿儿岛)、A(秋田)、Ao(青森)、H(函馆)、C(千岁)、O(带广)、F(福冈)和 Yu(库页岛的南萨哈林斯克)的温度 1 次或多次达到 1997—2013 同日温度的最高值。粉红色圆 Ku(钏路)、Os(大阪)、B(釜山)、F(彼得罗巴甫洛夫斯克)、V(符拉迪沃斯托克,即海参崴)和 Kh(哈巴罗夫斯克,即伯力)的日最高温度达 2 月 1 日~3 月 11 日的最高值。图 b~c:2 月 23 日地热喷发 G$_1$(黄边)精确预示 9.1 级地震震中(红方形)。蓝方形 X,粉红方形 Y 和棕方形 Z 为三个 7 级以上震中。C$_1$、C$_2$ 和 C$_3$ 依次为波形、灰色与高厚地震云。G$_2$ 为地热喷发。图 d~f:红箭头标示震群的蒸汽主要喷向西南形成地震云(青边),消失前变成地热喷发(粉红边)。图 g:马加丹记录 4 个温度脉冲。图 h:东京和仙台在 2011 年 2 月 25 日的温度均达到该日 13 年(2001—2013 年)内同日温度的最高值。图 i:M$_1$、M$_2$、M$_3$ 和 M$_4$ 依次描绘 2 月 1 日~3 月 11 日东京、北九州、仙台和钏路的日最高温度。2 月 25 日,它们同时达到最高点。卫星数据、地震数据和温度数据依次来自 DU、USGS 和 WU。

　　在蒸汽喷发期间,温度异常普遍,例如马加丹(Magadan,图 50a 蓝三角 M)记录了 2 月 23 日和 24 日的午夜或清晨的 4 个脉冲(图 50g 中 P$_1$~P$_4$)。最大增幅达 1 小时增加 13.6 ℃:从 2 月 23 日 UTC 17：00 的 -38 ℃到 18：00 的 -24.4 ℃(LT 2 月 24 日 4：00~5：00)。东京(Tokyo)和仙台(Sendai)提供了蒸汽喷发期间温度达到同日在多年(2001—2013 年)内最大值的实例(图 50h)。类似于东京和仙台,还有北九州(Kitakyushu)、鹿儿岛(Kagoshima)、秋田(Akita)、青森(Aomori)、函馆(Hakodate)、千岁(Chitose)、带广(Obihiro)、福冈(Fukuoka)和库页岛的南萨哈林斯克(Yuzhno)的温度 1 次或多次达到 1997—2013 同日温度的最高值(图 50a 中的红圆)。东京、仙台、北九州和钏路在蒸汽喷发期间的温度还达到月内最大值（图 50i），类似的城市（图 50a 中粉红圆）还有大阪（Osaka）、釜山（Busan）、符拉迪沃斯托克（Vladivostok，即海参崴）、哈巴罗夫斯克（Khabarovsk，即伯力）和彼得罗巴甫洛夫斯克（Petropavlovsk）。

表 9 展示了围绕本州 17 个机场（图 50a）2 月 22 日至 25 日的日最高温度以及它们在蒸汽喷发前后的最大温度升高。在 2 060 000 km² 内最高的温度升高是东京的 10 ℃，平均增加 4.9 ℃。

表 9　本州地震蒸汽喷发期间（2011 年 2 月 23 日至 25 日）日最高温度变化

地名	纬度	经度	2 月 22 日	2 月 23 日	2 月 24 日	2 月 25 日	最高温度	温度变化
鹿儿岛	31.8	130.7	17.0	15.0	18.0	20.0	20.0	3.0
北九州	33.8	131	10.0	11.0	12.0	16.0	16.0	6.0
釜山	35.1	129	12.2	12.8	16.7	16.1	16.7	4.4
东京	35.5	139.8	10.0	11.0	14.0	20.0	20.0	10.0
仙台	38.1	140.9	7.8	8.3	12.0	13.9	13.9	6.1
秋田	39.6	140.2	8.0	10.0	12.0	6.0	12.0	4.0
青森	40.7	140.7	5.0	4.0	11.0	6.0	11.0	6.0
函馆	41.8	140.8	5.0	7.0	10.0	4.0	10.0	5.0
带广	42.7	143.2	2.0	0	5.0	4.0	5.0	3.0
千岁	42.8	141.7	4.0	3.0	6.0	3.0	6.0	2.0
南萨哈林斯克	46.9	142.7	-1.0	1.0	3.0	1.0	3.0	4.0
哈巴罗夫斯克	48.5	135.2	-2.0	3.0	-2.0	-12.0	3.0	5.0
福冈	33.6	130.4	13.0	16.0	20.0	15.6	20.0	7.0
大阪	34.7	135.5	16.0	16.0	17.0	18.0	18.0	2.0
符拉迪沃斯托克	43.1	131.9	3.0	5.0	4.0	-5.0	5.0	2.0
钏路	43	144.2	2.0	1.0	2.0	7.0	7.0	5.0
马加丹	59.6	150.8	-21.1	-19.4	-18.9	-12.0	-12.0	9.1

注：温度变化是指最高值与 2 月 22 日的温度差，17 个机场面积为 2 060 000 km²，平均温升为 4.9 ℃。彼得罗巴甫洛夫斯克丢失数据较多，未列入统计。

上述讨论展示了从 1990 年 1 月 1 日到 2014 年 3 月 31 日所有死亡人数超过一万的大地震，都有蒸汽前兆。同时，这些讨论过的蒸汽前兆都预报了大地震。2008 年中国四川汶川地震的四条地震云预报了四次大地震，这四个大地震是在 5 年零 10 个月期间 4 200 000 km² 范围内所有的大地震。这种强烈的对应关系展示了地震蒸汽是可信赖的前兆。此外，除 1990 年雷什特地震没有可靠的温度记录外，所有死亡人数过万的大地震都有温度异常记录。

2.8　距离与面积的计算

图 51 是计算地表两点间距离的示意图。

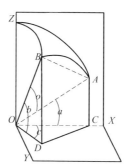

图 51　地面两点间距离计算示意图

设地球中心 O、北极 N 在垂轴 OZ 上。地球表面上二点 A 和 B 依次有坐标（A_1, A_2）和（B_1, B_2），这里，按地震目录习惯 A_1、B_1 为纬度，A_2 和 B_2 为经度。设 A 在平面 ZOX 内，C 为 A 在轴 OX 上的投影，D 为点 B 在水平面 XOY 上的投影，令 $a=\angle AOC$、$b=\angle BOD$、$c=\angle COD$ 和 $o=\angle AOB$，则 $c=B_2-A_2$，$R=AO=BO=NO=6\,365.742$ km。很明显，$AC=R\cdot\sin a$，　$OC=R\cdot\cos a$，　$BD=R\cdot\sin b$，　$OD=R\cdot\cos b$，　$CD^2=OC^2+OD^2-2OC\cdot OD\cdot\cos c=R^2(\cos^2a+\cos^2b-2\cos a\cdot\cos b\cdot\cos c)$。$ACDB$ 是直角梯形，则有

$$AB^2=CD^2+(BD-AC)^2$$

$$=R^2(\cos^2a+\cos^2b-2\cos a\cdot\cos b\cdot\cos c+\sin^2b+\sin^2a-2\sin a\cdot\sin b)$$

$$=2R^2(1-\sin a\cdot\sin b-\cos a\cdot\cos b\cdot\cos c) \tag{1}$$

因此，

$$AB=R\sqrt{2(1-\sin a\cdot\sin b-\cos a\cdot\cos b\cdot\cos c)} \tag{2}$$

在 ΔAOB 中，

$$AB^2=AO^2+BO^2-2AO\cdot BO\cdot\cos o=2R^2(1-\cos o) \tag{3}$$

比较（1）和（3），

$$\cos o=\sin a\cdot\sin b+\cos a\cdot\cos b\cdot\cos c \tag{4}$$

因此

$$Arc\,AB=R\cdot Arc\cos(\sin a\cdot\sin b+\cos a\cdot\cos b\cdot\cos c) \tag{5}$$

在计算机中，这个公式可以写成如下 Excel 形式：

Arc AB=6365.742*ACOS(SIN(RADIANS(A1))*SIN(RADIANS(B1))+

　　COS(RADIANS(A1))*COS(RADIANS(B1))*COS(RADIANS(B2-A2))　　（6）

还有，

AB=6365.742*SQRT（2*（1-SIN（RADIANS（A1））*SIN（RADIANS（B1））-

COS（RADIANS（A1））*COS（RADIANS（B1））*COS（RADIANS（B2-A2）））　　（7）

以图 39 为例。A1=-20，A2=60，B1=-30，B2=70。我们能够从公式（6）得到
A（-20，60）和 B（-30，70）之间的距离 1 497.8 km。为了计算 CD 的长度，我们可以
用尺量 CD 和 AB 在卫星图中的长度，得到 45∶125。于是，这条云的真实长度为 539
km。

为了计算三角形的面积，设 a、b、c 为三角形三边的长度，$s=0.5(a+b+c)$，则

$$A=\sqrt{s\cdot(s-a)\cdot(s-b)\cdot(s-c)}\qquad（8）$$

这个公式在高中教科书中是通用的，它的计算机形式为：

$$A=SQRT((s*(s-a)*(s-b)*(s-c)))\qquad（9）$$

一个多边形可以分成很多三角形来计算它的面积，例如图 50a 本州地热喷发热
异常的面积能够划分成五个三角形，如图 52a，然后用公式（6）（9）计算，计算的结果
见图 52b。

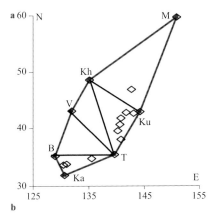

三角形	a	b	c	s	$s-a$	$s-b$	$s-c$	面积 /km²
TBKa	980	399	936	1 157	178	758	221	185 796
TBV	980	923	1 083	1 493	513	570	410	422 947
TKhV	1 493	652	1 083	1 614	121	962	531	315 566
TKhKu	1 493	926	915	1 667	174	741	752	402 169
MKhKu	1 591	926	1 898	2 208	617	1 281	309	734 780
合计								2 061 258

图 52　本州地震蒸汽喷发的热异常面积

第3章

地震预报的评估

前两章讨论了地震蒸汽模型和地震蒸汽的各种形式,讨论了如何区别地震蒸汽现象与气象学现象,还展示了用各种类型的蒸汽喷发来预报地震,且评估了一些预报的质量(即在某一确定面积和震级范围内,它在多长时间内是唯一的,或者在确定的时间与震级范围内,它在多大面积内是唯一的)。本章将根据它们的正确度与精度,系统地评估一组地震预报的质量,也就是一组预报的信息内容。信息内容越准确预报价值越高。具体而言,笔者将用传统的贝叶斯(Bayesian)方法来评估寿仲浩向美国地质调查局(USGS)预报并由他们签字存档的一组预报。接下来将分析什么原因使寿仲浩预报失误或精度降低,以及他怎样一步步从实践中研究避免失误和提高精度的方法。

3.1 简介

地震预报的三要素是时间、地点和震级。每次预报都应在震前报出三个封闭的区间或者窗口:时间(即从某年某月某日始到某年某月某日止)、地点(必须有边界,切勿报在一个点,震后用无限扩展边界来宣称"成功")与震级(大于或等于多少级)。

预报的质量是由正确度与精确度决定的。正确度是通过对比预报和地震目录来鉴定的,本书用的是美国地质调查局(USGS)的地震目录。同时,一个精确的地震预报应远远胜过随机猜测。比如,"全球今天有一个2级以上的地震"的猜测虽然正确,但精确度太低,因为这个预报几乎对每天都成立。地震预报只有是正确的和精确的,它们才有价值。

人们一般用各种统计方法来评价一组预报的质量。具体说,人们会从一组预报中计算一个统计量,再比较它怎样符合零假设(随机预报)的分布。(Holliday, et al., 2012;Jones Richard, Jones Alan, 2003;Kossobokov, et al., 1999;Molchan, Romashkova, 2011;Smyth, et al., 2012;Zechar, et al., 2010;Zhuang, 2010)可是,大多数这类方法要求假设地震活动的随机模型。因为随机模型依赖大地震和小地震的频率的相关性,并且局限于一个地区,目前还不清楚这种模型的应用是否有普遍性(Luen, Stark, 2008)。此外,在这些方法中,对错误预报的扣分是有问题的,尤其是这些预报依赖于不完全的前兆数据、非标准化的地震数据和经验估计。

在这里，我们选择了由琼斯·理查德和琼斯·艾伦（Jones Richard，Jones Alan，2003）提出的贝叶斯方法来进行评估。对于一个预报，不论它是正确的还是错误的，都计算一个相关地震（与预报最接近的地震）的结合概率。结合概率是预测面积内相关地震在历史上出现的频率（数据库概率）再加上一个大地震后所增加的后震概率。基于这个概率和地震的正确性计算出一个信息分。

因此，一个正确的预报在地震活跃区会得到一个小的正分数，在地震不活跃区获得一个大的正分数；一个错误的预报会在地震活跃区得到一个大的负分数，在地震不活跃区得到一个小的负分数。这个信息分经过调整，使它在无技能（即随机猜测）的情况下为零。按照中心极限定义的一组独立的随机预报经过调整后的分数，将按正态分布。若调整后的分布显著不同于正态分布，则表示这组预报在统计学上是杰出的。

用这种方法检验的结果，证明寿仲浩提交给美国地质调查局的一组预报有极高水平。

3.2　结论

表 10 为寿仲浩 1994—2001 年提交给美国地质调查局（USGS）驻加利福尼亚州（California）帕萨迪纳（Pasadena）办公室的 86 个地震预报，包括 5 个取消的，每个预报都有时间、地点、震级三个窗口，并让美国地质调查局在提交日签字存档。如果两个预报在地点、时间和震级窗口均有一部分重叠，除了前者已被证实是正确的，都被认为是不独立的。

对于不同时间内做出的两个相关预报，第一个被列入独立预报。若两个相关的预报有相同的预报时间（表 10 中的 D1 和 D2），则二者都被排除在 63 个独立预报之外。按琼斯-琼斯的独立性要求，这 5 个删除的当然都被排除。按这种规定评估寿仲浩的地震预报，首先分析 63 个独立的预报，它们的正确率为 60%（随机猜测概率 P 值为 0.002）（表 11），被证实为具有极高水平（按惯例 P 值 0.05 被作为高水平，0.01 作为极高水平）。随后包括所有不独立预报，它们的正确率为 60%（随机猜测概率 P 值为 0.005）（表 10），仍有极高水平。因此，无论是否包括不独立预报，均不影响结论。对一份有不同大小窗口的预报，本书只选最大窗口进行评审。

表 10　寿仲浩提交给 USGS 的所有地震预报及其统计评估

序	预报				地震						概率				得分	
	始日	终日	地点	震级	日期	时刻	纬度	经度	震级	中	P_c	后震	P_{RJ}	P_{comb}	校准	方差
1	940214	0310	帕萨迪纳（33~35，-119~-117）	4~5.5	0225	12:59	34.4	-118.5	4.1	1	0.15	0		0.15	1.77	0.54
2	940308	0330	南加利福尼亚州，墨西哥	5.5~6.8	0312	23:46	16.7	-94.3	5.6	1	0.45	0		0.45	0.77	0.48
3	940316	0409	帕萨迪纳（33~35，-119~-117）	4~5.5	0320	21:20	34.2	-118.5	5.3	1	0.15	1	0.59	0.65	0.52	0.50
D1	940316	0409	日本千岛，中国西北帕米尔	5.5~6.8	0406	5:19	36.2	141.5	5.5	1	0.92	0		0.92	0.22	0.51
D2	940321	0409	（30~45，65~80）	5~6.8	0501	12:00	36.9	67.2	6.3	0	0.73	0		0.73	-1.19	0.52
4	940331	0424	加利福尼亚州	5~7	0406	19:01	34.2	-117.1	5.0	1	0.25	0		0.25	1.24	0.52
5	940426	518	南加利福尼亚州，北墨西哥（23.6~37N）	≥4	0512	0:22	25.0	-109.3	5.6	1	0.90	0		0.90	0.25	0.52
6	940603	0628	南加利福尼亚州	3.7~5.5	0615	5:59	34.3	-118.4	4.2	1	0.83	1	0.52	0.92	0.21	0.50
7	940914	0925	（20~50，0~75）	≥6	1025	0:54	36.4	71.0	6.2	0	0.22	1	0.00	0.22	-0.39	0.53
8	940916	1011	日本至阿留申 500km 范围内	≥5	0918	16:49	38.7	142.9	5.0	1	1.00	0		1.00	0.00	0.00
9	941018	1112	美国	≥5	1027	17:45	43.5	-127.4	6.3	1	0.50	0		0.50	0.70	0.48
10	950308	0401	南加利福尼亚州，墨西哥	≥4	0310	7:06	15.0	-92.8	4.5	1	1.00	0		1.00	0.01	0.05
11	950630	0720	南加利福尼亚州	≥5	0630	11:58	24.7	-110.2	6.2	0	0.12	0		0.12	-0.27	0.53
12	951011	1105	加利福尼亚州	≥5	1021	2:38	16.8	-93.5	7.2	0	0.29	0		0.29	-0.46	0.51
13	960510	0530	南加利福尼亚州（≤37N）	3.7~5.3	0521	20:50	37.4	-121.7	4.8	0	0.77	0		0.77	-1.32	0.53
14	961025	1119	南加利福尼亚州	≥4.5	1127	20:17	36.1	-117.7	5.3	0	0.30	0		0.30	-0.47	0.51
15	961125	1220	墨西哥，秘鲁	≥6	1231	12:41	15.8	-93.0	6.4	0	0.52	0		0.52	-0.72	0.48

续表

序	始日	终日	预报		地震						概率				得分	
			地点	震级	日期	时刻	纬度	经度	震级	中	P_c	后震	P_{RJ}	P_{comb}	校准	方差
D3	961209	0105	墨西哥	≥4.5	1210	20:31	16.1	-96.7	4.8	1	0.99	0		0.99	0.06	0.24
16	961205	1229	南加利福尼亚州,北墨西哥(>30N)	4~5.3	1217	4:03	36.1	-117.7	4.0	1	0.78	1	0.16	0.81	0.35	0.54
17	970306	0405	中国北部(>35.8N)	≥6	0405	23:46	39.5	76.9	5.9	1						
			LT 0405 20:36		0406	4:36	39.5	77.0	6.0	1	0.04	0		0.04	3.08	0.42
18	970424	0610	南加利福尼亚州	≥4	0426	10:37	34.4	-118.7	5.1	1	0.86	1	0.01	0.86	0.29	0.54
19	970428	0611	南加利福尼亚州	3.7~5.3	0506	19:12	35.5	-118.4	4.5	1	0.96	0		0.96	0.13	0.42
20	970509	0608	南加利福尼亚州	4~5.3	0524	4:36	35.8	-117.6	4.0	1	0.71	1	0.02	0.72	0.45	0.52
21	970528	0712	土耳其,地中海(≥15E)	5.5	0727	10:07	35.6	21.1	5.8	0	0.27	0		0.27	-0.43	0.52
22	970718	0809	南加利福尼亚州	≥4	0726	3:14	33.4	-116.4	4.8	1	0.58	0		0.58	0.59	0.49
23	970804	0829	南加利福尼亚州	≥4	0806	11:04	37.0	-121.5	4.0	1	0.64	0		0.65	0.53	0.50
24	980105	0218	(25~41.53~105)	≥6	0204	14:33	37.1	70.1	6.1	1	0.45	0		0.45	0.77	0.48
25	980107	0220	墨西哥	≥5	0203	3:02	15.9	-96.3	6.4	1	0.91	0		0.91	0.23	0.51
26	980309	0423	(15~30,<150)	≥4	0507	23:15	19.2	-155.5	4.3	0	0.50	0		0.50	-0.69	0.48
27	980406	0522	南加利福尼亚州,墨西哥(<34N)	≥4.5	0408	4:02	16.0	-95.7	5.0	1	1.00	0	0.12	1.00	0.00	0.00
28	980724	0902	(34~49,-119~-117)	4~5.5	0801	6:01	37.6	-118.8	4.4	1	0.60	1		0.64	0.52	0.50
29	981123	0109	加利福尼亚州(<39N)	≥4.5	1212	1:41	37.5	-116.3	4.5	1	0.59	0		0.59	0.59	0.49

续表

序	预报				地震						概率				得分	
	始日	终日	地点	震级	日期	时刻	纬度	经度	震级	中	P_e	后震	P_{RJ}	P_{comb}	校准	方差
30	981228	0213	(33~39,-120~-116)	4.2~5.4	0127	10:44	36.8	-116.0	4.8	1	0.74	0		0.74	0.43	0.52
31	990222	0408	(20~38,50~100)	≥5.5	0304	5:38	28.3	57.2	6.6	1	0.82	0		0.82	0.35	0.54
32	990402	0520	(24~34,-118~-108)	4~5.2	0407	6:26	32.6	-116.2	4.0	1	0.92	1	0.02	0.92	0.21	0.50
33	990412	0529	(34~39,≤-116)	≥4	0514	7:54	34.1	-116.4	4.9	1	0.95	1	0.18	0.95	0.14	0.43
					0514	10:52	34.0	-116.4	4.2							
34	990505	0621	(27~33,-117~-113)	≥4	0601	15:18	32.4	-115.2	5.1	1	0.66	0		0.66	0.51	0.50
D4	990517	0704	墨西哥(<29N)	≥5	0615	20:42	18.4	-97.4	7.0	1	0.91	0		0.94	0.22	0.51
35	990609	0725	(35~39,-120~-116)	4~5.3	0711	18:20	35.7	-118.5	4.6	1	0.63	0		0.63	0.53	0.50
36	990726	0910	(36~42,113~117)	≥5	1101	13:25	39.9	114.0	5.5	0	0.03	0		0.03	-0.10	0.36
37	990825	1003	北加利福尼亚州(>38,<-122)	≥5.5	0922	22:27	38.4	-122.6	4.3	0	0.09	0		0.09	-0.22	0.51
					0818	1:06	37.9	-122.7	5.0							
38	990927	1114	土库曼斯坦,里海(<41,<56)	≥5.5	1112	16:57	40.8	31.2	7.5	0	0.04	0		0.04	-0.12	0.40
D5	991024	1114	(30~40,51~58)	≥6	1112	16:57	40.8	31.2	7.5	0	0.02	0		0.02	-0.06	0.26
39	991004	1118	(34~41,-5~1)	≥5	1222	17:36	35.3	-1.3	5.7	0	0.09	0		0.09	-0.22	0.51
D6	991028		取消							1						
40	991028	1214	(30~33,-117~-115)	≥4.3	1121	6:46	18.5	-107.2	6.2	0	0.32	0		0.32	-0.49	0.51
41	991227	0211	印度洋(<20)	≥7	0209	18:40	-27.6	65.7	5.0	0	0.00	0		0.00	0.00	0.00
					0209	18:40	-27.7	65.7	5.0							

续表

序	预报 始日	预报 终日	预报 地点	预报 震级	地震 日期	地震 时刻	地震 纬度	地震 经度	地震 震级	概率 中	P_c	后震	P_{RJ}	P_{comb}	得分 校准	得分 方差
					0210	14:18	-27.6	65.7	5.7							
					0210	14:18	-27.7	65.7	5.7							
					0210	23:00	-27.6	65.8	5.5							
42	000131	0310	南伊朗（<30,58~68）	≥4.5	0210	23:00	-27.6	65.8	5.6	1	0.17	0		0.17	1.63	0.54
43	000224	0310	南伊朗（<32,57~58）	≥4.5	0217	9:44	29.6	67.1	4.6	1	0.21	1		0.24	1.31	0.53
					0229	17:16	28.2	57.1	4.5							
44	000228	0413	（31~35,-116.5~-115）	≥4.5	0409	10:48	32.7	-115.4	4.3	0	0.29	0	0.03	0.29	-0.46	0.51
					0402	11:41	37.6	37.3	4.5							
45	000228	0418	（36.5~38.5,36~39）	1M5/2M4	0402	17:26	37.6	37.4	4.3	1	0.10	0		0.10	2.22	0.52
46	000322	0505	（35.8~40.7,-120~-117）	≥4	0328	15:16	36.0	-117.9	4.3	1	0.56	0		0.56	0.61	0.48
47	000418	0606	（62~65,-27~-20）	≥3.5	0617	15:40	64.0	-20.5	6.8	0	0.26	0		0.26	-0.43	0.52
48	000419	0604	（33~35,-119.5~-115.5）	≥4	0510	23:25	33.2	-115.6	3.9	0	0.60	1	0.00	0.60	-0.86	0.49
48 / D7	000421	0604	（33.5~36.5,-118~-115）	≥4	0527	3:35	35.8	-117.7	4.0	1	0.54	1	0.01	0.54	0.64	0.48
48 / D8	000421	0604	（34~35.5,-119.5~-118）	≥4	0523	4:42	36.3	-118.1	4.0	0	0.19	0		0.19	-0.35	0.54
48 / D9	000425	0605	（33.5~37,-118~-115）	≥4	0527	3:35	35.8	-117.7	4.0	1	0.56	0	0.01	0.57	0.61	0.48
					0617	22:59	-28.5	62.8	4.5							
49	000428	0615	（-35~-25,60~85）	1M5/2M4	0624	22:21	-28.8	62.7	4.2	0	0.73	0		0.73	-1.17	0.52
49 / D10	000531		取消							1						

续表

序		预报				地震						概率				得分	
		始日	终日	地点	震级	日期	时刻	纬度	经度	震级	中	P_c	后震	P_{RJ}	P_{comb}	校准	方差
50		000619	0807	加利福尼亚州比邻(<39N)	≥5.5	0721	6:13	18.4	-98.9	5.9	1	0.73	0		0.73	0.44	0.52
D11	50	000626	0807	加利福尼亚州比邻	≥5.5	0721	6:13	18.4	-98.9	5.9	1	0.74	0		0.74	0.42	0.52
D12	50	000714	0807	(32~39,<114)	≥5	0903	8:36	38.4	-122.4	5.2	0	0.24	0		0.24	-0.41	0.53
51		000629	0820	日本(<37N)	≥6	0701	7:01	34.2	139.1	6.2	1	0.49	0		0.49	0.71	0.48
52		000705	0821	中国东海,日本(<34,<142.5)	≥6	0730	12:25	33.9	139.4	6.5	1	0.38	0		0.38	0.90	0.49
53		001220	0304	(35~42,-106~104)	≥4	0223	21:43	38.7	-122.6	4.1	0	0.10	0		0.10	-0.24	0.52
D13	53	010302	0402	(32~42,-108~103)	≥4	0223	21:43	38.7	-122.6	4.1	0	0.11	0		0.11	-0.26	0.53
D14	D13	010329		取消							1						
54		010308	0525	(36~43,27~34)	≥5.5	0524	3:18	39.3	27.9	4.5	0	0.16	0		0.16	-0.32	0.54
						0524	6:25	39.4	27.8	4.4							
D15	54	010314	0523	(36~43,26~32)	≥6	0524	3:18	39.3	27.9	4.5	0	0.06	0		0.06	-0.17	0.47
						0524	6:25	39.4	27.8	4.4							
D16	D15	010320	0522	取消							1						
55		010309	0522	(10~36,90~107)	≥6.5	0315	0:39	8.7	94.0	5.4	0	0.14	0		0.14	-0.30	0.54
						0315	1:22	8.7	94.0	6.0							
D17	55	010316		取消							1						
56		010320	0504	(37~42,-126~122)	≥4.5	0420	5:19	40.7	-125.3	4.8	1	0.37	0		0.37	0.93	0.50
D18	56	010321	0505	加利福尼亚州>38N	≥4	0322	21:22	40.5	-126.2	4.7	1	0.84	0		0.84	0.32	0.54

续表

序		预报				地震						概率				得分	
		始日	终日	地点	震级	日期	时刻	纬度	经度	震级	中	P_c	后震	P_{RJ}	P_{comb}	校准	方差
D19	56	010329	0518	加利福尼亚州,内华达	≥5	0717	12:07	36.0	-117.9	5.2	0	0.54	0		0.54	-0.75	0.48
D20	56	010330	0519	（33~38,<-116）	≥5	0717	12:07	36.0	-117.9	5.2	0	0.33	0		0.33	-0.49	0.50
D21	56	010402	0522	（33~38,<-116）	1M5/2M4	0517	21:53	35.8	-118.0	4.0	1	0.63	0		0.63	0.53	0.50
						0517	22:56	35.8	-118.0	4.2	1		0				
57		010403	0702	（36.3~37.2,-121.5~-120）	≥4	0702	17:33	36.7	-121.3	4.1	1	0.31	0		0.32	1.06	0.51
58		010405	0522	（36~43,25~36）	≥5.5	0610	13:11	38.6	25.6	5.6	0	0.15	0		0.15	-0.31	0.54
59		010424	0601	加利福尼亚州,内华达州,墨西哥 <38,>-121	1M5/2M4	0517	21:53	35.8	-118.0	4.0	1	0.60	0		0.60	0.58	0.49
						0517	22:56	35.8	-118.0	4.2	1		0				
D22		010509	0609	加利福尼亚州,内华达州,墨西哥（<26,>112）	≥5	0810	20:19	39.8	-120.6	5.2	0	0.46	0		0.46	-0.64	0.48
60		010426	0615	美国,加拿大（38~54,<120）	1M5/2M4	0502	2:05	49.9	-130.2	5.3	1	0.74	0		0.74	0.43	0.52
61		010716	0929	（48.4~53,-120~-112）	≥6	0914	4:45	48.7	-128.7	6.0	0	0.00	0		0.00	0.00	0.00
D23		010801	0929	（48.4~53,<-112）	≥6	0914	4:45	48.7	-128.7	6.0	1	0.16	0		0.16	1.70	0.54
62		010805	1021	（21~25,68~73）	≥6	0902	2:25	0.9	82.5	6.1	0	0.01	0		0.01	-0.05	0.21
63		010810	1002	（32~33.5,-117~-115.2）	≥4	1031	7:56	33.5	-116.5	5.2	0	0.49	0		0.49	-0.68	0.48
										合计	52		13			15.7	37.5

总体准确度为 60.5%　Z分:2.56　P 值:0.005

注：D1~23：不独立预报（定义见正文）。其他 63 个预报都是独立的。所有预报都由美国地质调查局（USGS）签字存档。P_c——美国地质调查局数据库概率，P_{RJ}——Reasenberg 和 Jones 的后震概率，P_{comb}——按照 Jones 和 Jones 方法的综合概率。假设 USGS 的地震目录录误差没有数据与数据丢失，且地震只出现在一个点上，则对身申浩独立预报（包括不独立预报）的正确率为 60%。随机猜测概率 P 值为 0.005，显著高于随机猜测。

表 11　对寿仲浩 63 个独立地震预报的评估

序	始日	终日	预报		地震					准确性				概率				校准	
			地点	震级	日期	时刻	纬度	经度	震级	时间	地点	震级	A	P_c	后震	P_{RJ}	P_{comb}	得分	方差
1	940213	0310	帕萨迪纳（33~35,-119~-117）	4~4.5	0225	12:59	34.4	-118.5	4.1				1	0.15	0		0.15	1.77	0.54
2	940305	0330	南加利福尼亚州、墨西哥	5.5~6.8	0312	23:46	16.7	-94.3	5.6				1	0.45	0		0.45	0.77	0.48
3	940315	0409	帕萨迪纳（33~35,-119~-117）	4~5.5	0320	21:20	34.2	-118.5	5.3					0.15	1	0.59	0.65	0.52	0.50
4	940330	0424	加利福尼亚州	5~7	0406	19:01	34.2	-117.1	5.0				1	0.25	0		0.25	1.24	0.52
5	940423	0518	南加利福尼亚州、北墨西哥（23.6~37N）	≥4	0512	0:22	25.0	-109.3	5.6					0.90	0		0.90	0.25	0.52
6	940603	0628	南加利福尼亚州	3.7~5.5	0615	5:59	34.3	-118.4	4.2				1	0.83	1	0.52	0.92	0.21	0.50
7	940910	0925	（20-50,0-75）	≥6	0925	0:54	36.4	71.0	6.2		1	1	0	0.22	1	0.00	0.22	-0.39	0.53
8	940916	1011	日本、阿留申（<500km）	≥5	1011	16:49	38.7	142.9	5.0	0		1	1	1.00	0		1.00	0.00	0.00
9	941018	1112	美国	≥5	1027	17:45	43.5	-127.4	6.3				1	0.50	0		0.50	0.70	0.48
10	950307	0401	南加利福尼亚州、墨西哥	≥4	0310	7:06	15.0	-92.8	4.5				1	1.00	0		1.00	0.01	0.05
11	950630	0720	南加利福尼亚州	≥5	0630	11:58	24.7	-110.2	6.2	1	0		0	0.12	0		0.12	-0.27	0.53
12	951011	1105	加利福尼亚州	≥5	1021	2:38	16.8	-93.5	7.2	1	0		0	0.29	0		0.29	-0.46	0.51
13	960510	0530	南加利福尼亚州（≤37N）	3.7~5.3	0521	20:50	37.4	-121.7	4.8	1	*0		0	0.77	0		0.77	-1.32	0.53
14	961025	1119	南加利福尼亚州	≥4.5	1127	20:17	36.1	-117.7	5.3	0	1		0	0.30	0		0.30	-0.47	0.51
15	961125	1220	墨西哥、秘鲁	≥6	1231	12:41	15.8	-93.0	6.4	0	1		0	0.52	0		0.52	-0.72	0.48
16	961204	1229	南加利福尼亚州、北墨西哥（>30N）	4~5.3	0405	4:03	36.1	-117.7	4.0				1	0.78	1	0.16	0.81	0.35	0.54
17	970306	0405	中国北部（>35.8N）	≥6	0405	23:46	39.5	76.9	5.9										
			LT 0405　20:36		0406	4:36	39.5	77.0	6.0				1	0.04	0		0.04	3.08	0.42
18	970424	0610	南加利福尼亚州	≥4	0426	10:37	34.4	-118.7	5.1				1	0.86	1	0.01	0.86	0.29	0.54

续表

序	始日	终日	预报		地震					准确性				概率				校准	
			地点	震级	日期	时刻	纬度	经度	震级	时间	地点	震级	A	P_c	后验	P_{RJ}	P_{comb}	得分	方差
19	970427	0611	南加利福尼亚洲	3.7~5.3	0506	19:12	35.5	-118.4	4.5				1	0.96	0		0.96	0.13	0.42
20	970508	0608	南加利福尼亚洲	4-5.3	0524	4:36	35.8	-117.6	4.0				1	0.71	1	0.02	0.72	0.45	0.52
21	970528	0712	Turkey-Med sea (≥15E)	≥5.5	0727	10:07	35.6	21.1	5.8	0	1	1	0	0.27	0		0.27	-0.43	0.52
22	970719	0809	南加利福尼亚洲	≥4	2726	3:14	33.4	-116.4	4.8				1	0.58	0		0.58	0.59	0.49
23	970804	0829	南加利福尼亚洲	≥4	0806	11:04	37.0	-121.5	4.0				1	0.64	0		0.64	0.53	0.50
24	980105	0218	(25~41,53~105)	≥6	0204	14:33	37.1	70.1	6.1				1	0.45	0		0.45	0.77	0.48
25	980106	0220	墨西哥	≥5	0203	3:02	15.9	-96.3	6.4				1	0.91	0		0.91	0.23	0.51
26	980309	0423	(15~30, <-150)	≥4	0507	23:15	19.2	-155.5	4.3		1		0	0.50	0		0.50	-0.69	0.48
27	980406	0522	南加利福尼亚洲,墨西哥(<34N)	≥4.5	0408	4:02	16.0	-95.7	5.0				1	1.00	0		1.00	0.00	0.00
28	980724	0902	(34~39,-119~-117)	4-5.5	0801	6:01	37.6	-118.8	4.4				1	0.60	1	0.12	0.64	0.52	0.50
29	981123	0109	加利福尼亚洲(<39N)	≥4.5	1212	1:41	37.5	-116.3	4.5				1	0.59	0		0.59	0.59	0.49
30	981228	0213	(33~39,-120~-116)	4.2~5.4	0127	10:44	36.8	-116.0	4.8				1	0.74	0		0.74	0.43	0.52
31	990222	0408	(20~38,50~100)	≥5.5	0304	5:38	28.3	57.2	6.6				1	0.82	0		0.82	0.35	0.54
32	990402	0520	(24~34,-118~-108)	4-5.2	0407	6:26	32.6	-116.2	4.0				1	0.92	0	0.02	0.92	0.21	0.50
33	990412	0529	(34~39, ≤-116)	≥4	0514	7:54	34.1	-116.4	4.9				1	0.95	1	0.18	0.96	0.14	0.43
34	990505	0621	(27~33,-117~-113)	≥4	0601	15:18	32.4	-115.2	5.1				1	0.66	0		0.66	0.51	0.50
35	990609	0725	(35~39,-120~-116)	4-5.3	0711	18:20	35.7	-118.5	4.6				1	0.63	0		0.63	0.54	0.50
36	990726	0910	(36~42,113~117)	≥5	1101	13:25	39.9	114.0	5.5	0	1		0	0.03	0		0.03	-0.10	0.36
37	990825	1003	北加利福尼亚洲(>38,<-122)	≥5.5	0922	22:27	38.4	-122.6	4.3	1	1	≠0	0	0.09	0		0.09	-0.22	0.51
					0818	1:06	37.9	-122.7	5										

续表

序	始日	终日	预报		地震					准确性				概率				校准	
			地点	震级	日期	时刻	纬度	经度	震级	时间	地点	震级	A	P_c	后震	P_{RJ}	P_{comb}	得分	方差
38	990927	1114	土库曼斯坦,里海(<41,<56)	≥5.5	1112	16:57	40.8	31.2	7.5	1	0	1	0	0.04	0		0.04	-0.12	0.40
39	991003	1118	(34~41,-5~-1)	≥5	1222	17:36	35.3	-1.3	5.7	0	1	1	0	0.09	0		0.09	-0.22	0.51
40	991028	1214	(30~33,-117~-115)	≥4.3	1121	6:46	18.5	-107.2	6.2	1	0	1	0	0.32	0		0.32	-0.49	0.51
41	991227	0211	印度洋(>20S)	≥7	0209	18:40	-27.6	65.7	5.0	1	1	#0	0	0.00	0		0.00	0.00	0.00
					0209	18:40	-27.7	65.7	5.0										
					0210	14:18	-27.6	65.7	5.7										
					0210	14:18	-27.7	65.7	5.7										
					0210	23:00	-27.6	65.8	5.5										
					0210	23:00	-27.6	65.8	5.6										
42	000131	0310	南伊朗(<30.58~68)	≥4.5	0217	9:44	29.6	67.1	4.6			1	1	0.17	0		0.17	1.63	0.54
43	000218	0310	南伊朗(<32.57~58)	≥4.5	0229	17:16	28.2	57.1	4.5			1	1	0.21	1	0.03	0.24	1.31	0.53
44	000228	0413	(31~35,-116.5~115)	≥4.5	0409	10:48	32.7	-115.4	4.3	1	1	*0	0	0.29	0		0.29	-0.46	0.51
45	000228	0418	(36.5~38.5,36~39)	1M5/2M4	0402	11:41	37.6	37.3	4.5			1	1	0.10	00		0.10	2.22	0.52
					0402	17:26	37.6	37.4	4.3										
46	000322	0505	(35.8~40.7,-120~-117)	≥4	0328	15:16	36.0	-117.9	4.3	0	1	1	1	0.56	0		0.56	0.61	0.48
47	000418	0606	(62~65,-27~-20)	≥3.5	0617	15:40	64.0	-20.5	6.8	1	1	1	0	0.26	0		0.26	-0.43	0.52
48	000419	0604	(33~35,-119.5~115.5)	≥4	0510	23:25	33.2	-115.6	3.9	1	1	*0	0	0.60	1	0.00	0.60	-0.86	0.49
49	000428	0615	(-35~-25,60~85)	1M5/2M4	0617	22:59	-28.5	62.8	4.5	0	1	1	0	0.73	0		0.73	-1.17	0.52
					0624	22:21	-28.5	62.7	4.2										
50	000619	0807	加利福尼亚州比邻(<39N)	≥5.5	0721	6:13	18.4	-98.9	5.9			1	1	0.73	0		0.73	0.44	0.52

续表

序	始日	终日	预报		地震					准确性				概率				校准	
			地点	震级	日期	时刻	纬度	经度	震级	时间	地点	震级	A	P_c	后震	P_{RJ}	P_{comb}	得分	方差
51	000629	0820	日本（<37N）	≥6	0701	7:01	34.2	139.1	6.2				1	0.49	0		0.49	0.71	0.48
52	000705	0821	日本、中国东海（<34,<142.5）	≥6	0730	12:25	33.9	139.4	6.5				1	0.38	0		0.38	0.90	0.49
53	001217	0304	（35~42,-106~-104）	≥4	0223	21:43	38.7	-112.6	4.1	1	0	1	0	0.10	0		0.10	-0.24	0.52
54	010308	0525	（36~43,27~34）	≥5.5	0524	3:18	39.3	27.9	4.5	1	1	#0	0	0.16	0		0.16	-0.32	0.54
					0524	6:25	39.4	27.8	4.4										
55	010309	0522	（10~36,90~107）	≥6.5	0315	0:39	8.7	94.0	5.4	1	0	#0	0	0.14	0		0.14	-0.30	0.54
					0315	1:22	8.7	94.0	6.0										
56	010320	0504	（37~42,-121.5~-120）	≥4.5	0420	5:19	40.7	-125.3	4.8				1	0.37	0		0.37	0.93	0.50
57	010403	0702	（36.3~37.2,-121.5~-120）	≥4	0702	17:33	36.7	-121.3	4.1			1	1	0.31	0		0.31	1.06	0.51
58	010405	0522	（36~43,25~36）	≥5.5	0610	13:11	38.6	25.6	5.6	0	1	1	0	0.15	0		0.15	-0.31	0.54
59	010422	0601	加利福尼亚州,内华达州,墨西哥（<38,>-121）	1M5/2M4	0517	21:53	35.8	-118.0	4.0			1	1	0.60	0		0.60	0.58	0.49
					0517	22:56	35.8	-118.0	4.2										
60	010426	0615	美国、加拿大（38~54,<-120）	1M5/2M4	0502	2:05	49.9	-130.2	5.3	1	0		0	0.74	0		0.74	0.43	0.52
61	010716	0929	美国（48.4~53,-120~-112）	≥6	0914	4:45	48.7	-128.7	6.0	1	0		0	0.00	0		0.00	0.00	0.00
62	010806	1021	（21~25,68~73）	≥6	0902	2:25	0.9	82.5	6.1	1	0		0	0.01	0		0.01	-0.05	0.21
63	010808	1002	（32~33.5,-117~-115.2）	≥4	1031	7:56	33.5	-116.5	5.2	0	1	1	0	0.49	0		0.49	-0.68	0.48
	总体准确度:60.3%												合计		11			15.26	28.81
	Z分:2.84						P值:0.02						38						

注：A—综合得分,其值为地点、震级准确性得分的乘积。P_c—美国地质调查局数据库概率。P_{RJ}—Reasenberg 和 Jones 的后震概率。P_{comb}—按照 Jones 和 Jones 方法的 P_c 和 P_{RJ} 的综合概率。准确性（Accuracy）中"*"表示误差很小,"#"表示震群替代。在假设 USGS 的地震目录没有误差和数据丢失及地震只发生在一个点的严格条件下,寿仲浩这一组 63 个独立预报还有 60% 的正确率,远远高于随机猜测（0.002）。

3.3　预报的正确性

美国地质调查局（USGS）的地震数据有误差和丢失（表5），且地震发生在一个面。本书假定地震数据没有误差和丢失，而地震只发生在一个点。对一个预报，我们首先检查它是否在时间、地点和震级上都完全正确。这种检查是通过搜索地震数据库进行的。数据库中有些地震有几个不同形式的震级，我们按惯例选用最大的。

地震的震级必须严格地在预报窗口内，才能考虑它是否合格。预报的时间按美国地质调查局（USGS）加利福尼亚州办公室签字的美国太平洋时间。地震发生的时间必须严格地在预报的时间窗口内，才被认为合格。假如预报的地点采用国家或地区，那么本书将用法定的边界来审查这个预报是否合格。

关于预报地点采用经纬度标注的，本书四舍五入至 $0.1°$。例如预报的纬度为 $35.8°～40°$，如果地震发生在纬度 $40.04°$，近似为 $40.0°$，则被认为合格；而 $40.05°$，近似为 $40.1°$ 则不合格。笔者也以同法搜查历史上所有的地震来计算数据库概率（P_c）。例如，为计算本例的 P_c，搜查的纬度窗口将不是设在 $35.8°～40°$，而是设在 $35.75°～40.04°$。假如在预报的三个窗口内至少有一次地震，那么这个预报就是正确的（表11中的正确性项目中的"A"）。在寿仲浩所作的 63 个地震预报中，38 个完全正确，占 60%。

用统计方法评估整组预报时，也评估了错误预报。而寿仲浩的错误预报无一例外都在时间或地点或震级上有一定误差，有时这个误差甚至是微乎其微的。例如二次震级误差在 0.2 级内（表11预报第44项和第48项，均标"*"），另一次地点误差 $0.4°$（表11预报第13项，标"*"），另四例是预报了大地震，但实际上是一组中等震级的地震（表11预报第37、41、54、55项，均标"#"），而大地震和一组中等地震在能量上可能相似。在 25 次错误预报中有 24 次只有一个窗口失误。

一个正确的预报，如果有几个地震都对应它，那么一般将第一个发生的地震作为相关地震，预报也就完成了。假如没有合适的地震对应预报，那么这个预报就视作错误预报。最接近预报的地震，被考虑为相关地震（表11）。

3.4　计算结合概率

按琼斯·理查德和琼斯·艾伦（2003）的方法评估一组地震预报的质量，需要计算每个预报的综合概率（P_{comb}）。这个综合概率包括两个部分：数据库概率 P_c 和后震概率 P_{RJ}。P_c 代表在预报面积窗口和震级窗口内，地震按照时间窗口在历史上出现的概率（Harrington，Shou，2005）。因此，首先应计算出每次预报的数据库概率 P_c（表

11）。按照预报的时间窗口把美国地质调查局地震数据库中的日期（1990 年 1 月 1 日至 2012 年 3 月 31 日）划分成相同跨度相差 1 天的不同区间，设总数为 A。再从数据库中选取在预报地点窗口与震级窗口内的所有地震记录和按预报时间跨度包含这些地震的区间数 B，于是

$$P_c = B/A \qquad\qquad (10)$$

这个概率表明了在预报的地点和震级窗口内，按时间窗口随机猜测的概率。

其次用瑞森伯格和琼斯（Reasenberg，Jones，1994）的方法计算后震概率 P_{RJ}（表 11）。在美国地质调查局从 1990 年 1 月 1 日开始的数据库中，我们在距震中 $\pm 1°$ 的正方形范围内寻找比它大的所有地震。纬度 $1°$ 相当于 110 km，选择 $1°$ 是基于后震的空间分布，一个 8 级和 6 级地震所产生的后震分别在 100 km 和 10 km 的方形范围内（Utsu，2002）。因此，边长为 $2°$ （即 220 km）的正方形能够覆盖 8 级主震的后震。

假如在边长 $2°$ 的正方形内查出比相关地震大的地震，接着就用宇津（Utsu，2002）的公式检查它的范围是否足以包含相关的地震。如是，就把它作为相关地震的主震。

表 11 的 63 个预报中有 11 个预报包含着主震，即表 11 中"后震"列中的"1"（表 12）。

表 12　后震概率

序	相关地震						潜在地震					后震
	日期	时刻	纬度	经度	震级	准确性	日期	时刻	纬度	经度	震级	概率
3	19940320	21:20	34.2	-118.5	5.3	1	19940117	12:30	34.21	-118.53	6.8	0.59
6	19940615	5:59	34.3	-118.4	4.2	1	19940117	12:30	34.21	-118.53	6.8	0.52
							19940525	12:56	34.31	-118.39	4.5	0.06
7	19941025	0:54	36.4	71.0	6.2	0	19930809	12:42	36.37	70.86	7.0	0.00
							19910714	9:09	36.33	71.11	6.7	0.00
16	19961217	4:03	36.1	-117.7	4.0		19961127	20:17	36.07	-117.65	5.3	0.16
18	19970426	10:37	34.4	-118.7	5.1		19940117	23:33	34.32	-118.69	5.9	0.01
							19940118	0:43	34.37	-118.69	5.5	0.01
							19940119	21:09	34.37	-118.71	5.5	0.01
							19950626	8:40	34.39	-118.66	5.2	0.01
20	19970524	4:36	35.8	-117.6	4.0	1	19950920	23:27	35.76	-117.63	6.1	0.02
							19950925	4:47	35.80	-117.61	5.3	0.00
							19960107	14:32	35.76	-117.64	5.4	0.01

续表

| 序 | 相关地震 | | | | | | 潜在地震 | | | | | 后震 |
	日期	时刻	纬度	经度	震级	准确性	日期	时刻	纬度	经度	震级	概率
							19960108	10:52	35.78	-117.63	5.0	0.00
28	19980801	6:01	37.6	-118.8	4.4	1	19980715	4:53	37.56	-118.80	5.1	0.12
							19980609	5:24	37.58	-118.79	5.2	0.05
32	19990407	6:26	32.6	-116.2	4.0	1	19990313	13:31	32.58	-116.16	4.3	0.02
							19990219	3:08	32.59	-116.16	4.2	0.01
33	19990514	7:54	34.1	-116.4	4.9	1	19920628	11:57	34.20	-116.43	7.6	0.18
							19920423	4:50	33.96	-116.31	6.3	0.01
							19920915	8:47	34.06	-116.36	5.6	0.00
43	20000229	17:16	28.2	57.1	4.5	1	19990304	5:38	28.34	57.19	6.6	0.03
48	20000510	23:25	33.2	-115.6	3.9	0	19900621	10:47	33.16	-115.63	4.0	0.00

我们计算每个主震的后震概率 P_{RJ}。瑞森伯格和琼斯（Reasenberg，Jones，1994）提出的震级大于等于 M 的后震的比例为：

$$r(t,M)=10^{a+b(M_m-M)}(t+c)^{-d} \qquad (11)$$

这里 M_m 是主震震级，t 是主震后的时间，a、b、c、d 是常数，依次为 -1.67、0.91、0.05 和 1.08。于是，在时间窗口 $[t_1,t_2]$ 和震级 M_1 和 M_2 间的后震数目为：

$$\lambda(M_1,M_2,t_1,t_2)=\int_{M_1}^{M_2}\int_{t_1}^{t_2}10^{a+b(M_m-M)}(t+c)^{-d}\mathrm{d}t\mathrm{d}M$$

$$=\frac{10^{a+bM_m}}{1-d}[(t_2+c)^{1-d}-(t_1+c)^{1-d}]\frac{\mathrm{e}^{(-b\ln10)M_1}-\mathrm{e}^{(-b\ln10)M_2}}{b\ln10} \qquad (12)$$

当震级的上边界没被指明的时候，M_2 无穷大。后震的期望值 λ 用以计算在预报的时间与震级窗口内至少有一个后震的概率 P_{RJ}，并且还被假定有一个泊松分布：

$$P_{RJ}=1-\mathrm{e}^{-\lambda(M_1,M_2,t_1,t_2)} \qquad (13)$$

假如相关地震有多个主震，则最大的 P_{RJ} 被用来做本书的统计分析（表11、表12）。对没有主震的预报，P_{RJ} 等于0。最后，假定 P_c 和 P_{RJ} 是彼此独立的，它们的综合概率 $P_{comb}=P_c+P_{RJ}-P_cP_{RJ}$（Jones，Jones，2003）（表11中"$P_{comb}$"）。

3.5　应用统计学证明寿仲浩向美国地质调查局预报的重大价值

前面，我们已经举过很多正确预报的例子。这里，我们介绍如何检测整组63个独立地震预报是否比随机猜测好。本书使用了琼斯和琼斯（Jones，Jones，2003）的方法。一个预报在所指定的时间、地点和震级窗口内可能是正确的，也可能不正确。假设一个预报是正确的，那么按它的综合概率 P 得一个正分数（-ln$P$）；否则，得一个负分数 ln（1-P）。假如它没有价值，那么它的期望分数为 $-P\ln P+(1-P)\ln(1-P)$。

从期望值中减去一个分数得到了一个校正分（表 11 中"校准得分"）。假如它们没有价值，它们的平均分将为零。各个分数都有方差：

$$Var=P(1-P)\{\ln[P(1-P)]\}^2 \tag{14}$$

对于一组足够大的预报（大于 15），假如它们没有价值，它们应该正态分布。因为所有预报都是独立的，它们的得分和方差都可以相加。

按以上琼斯和琼斯（Jones，Jones，2003）的方法得到这组 63 个独立地震预报的总分数 15.3、总方差 28.8 和 Z 分数 2.84（$=15.3/\sqrt{28.8}$）。一组随机猜测等于或者好于某一分数的概率称为 p 值。这一组 63 个地震预报的 p 值可以从标准正态分布的双尾测试表中查出，为 0.002。也就是说，一组随机预报比寿仲浩 63 个地震预报要质量高的概率是 0.002。于是，这一组预报在统计角度上看远远高于随机猜测。此外，这组预报的正确率是 60%。

本书已一步一步地应用琼斯和琼斯的方法评估了一组独立的预报。现在简略地把该方法归纳一下。第一，算出数据库概率 P_c（$P_c=B/A$）；第二，算出后震概率 P_{RJ}（$P_{RJ}=1-e^{-\lambda(M_1,M_2,t_1,t_2)}$）；第三，算出结合概率 $P_{comb}=P_c+P_{RJ}-P_c P_{RJ}$；第四，按综合概率 P（即 P_{comb}）算出得分。正确预报得正分（-ln$P$），错误预报得负分 ln（1-P）。不论正负，加校准分 $-P\ln P+(1-P)\ln(1-P)$ 以适合零假设。第五，再按综合概率 P 算出方差（$Var=P(1-P)\{\ln[P(1-P)]\}^2$）。第六，将所有预报校准后的分数相加得总分数 S，将所有预报的平方偏差相加得和 V，由 S 和 V 算出 Z 分数（$=S/\sqrt{V}$），再由 Z 分数从标准正态分布的双尾测试表中查出一组随机预报比这组地震预报好的概率。

3.6　不独立的地震预报不影响结论

在 23 个不独立的预报中，其中 5 个是取消了的（表 10 当中的 D6、D10、D14、D16、D17），它们和前面的预报（表 10 中 #39、#49、D13、D15、#55）相重叠，因此取消是正确的。但本书仍将它们列入统计计算中，以保持最大程度的严格。

其余 18 个不独立地震中，9 个是正确的。这 18 个地震合计 0.4 分，标准差 8.8。对比起这组 63 个独立地震预报，它们没有显示出统计上的价值。但如果和 63 个独立地震预报结合在一起，它们的总分为 15.7，标准差为 6.1，Z 分数是 2.6，P 值是 0.005，正确率 60%，仍然显示出很高的统计价值。

3.7 评价方法的问题

琼斯和琼斯(Jones,Jones,2003)的方法虽然有用,但也不是完美无缺。相反它有两个严重的问题。第一,美国地质调查局(USGS)的地震数据库已经包含着后震,因此假设数据库概率 P_c 和后震概率 P_{RJ} 二者独立是错误的。第二,后震这个术语没有科学定义(Utsu,2002)。比如一个地震 B 发生在地震 A 以后,假如地震 A 的震级大于地震 B,那么地震 B 传统地被认为是地震 A 的后震;假如地震 A 的震级小于地震 B,那么地震 A 传统地被认为是地震 B 的前震;如果两个地震震级相同(例如冰岛的两个 6.6 级地震,一个在 2000 年 6 月 17 日,另一个在 6 月 21 日),那么这两个地震间的关系就混淆了。瑞森伯格和琼斯(Reasenberg,Jones,1994)的后震公式没有普遍性。例如它给予 2001 年 2 月 28 日华盛顿州奥林比亚 6.8 级地震(47.1,-122.7)在震后 3 个月内,围绕着震中 ±0.2°,震级大于或等于 4 的后震一个 100% 的概率,但在 3 个月内围绕震中 ±3° 找不出一个 4 级地震,即琼斯和琼斯(Jones,Jones,2003)方法夸大了预报概率。为了纠正该方法的上述两个问题,寿仲浩提交给美国地质调查局的 63 个独立预报和 81 个全部预报的真实概率应依次为 0.001 和 0.002。

另外,前述美国地质调查局(USGS)的地震数据有误差(表6),甚至漏掉(表5、表7)。而且,地震都是发生在一个面而不是点,例如 1998 年 2 月 4 日阿富汗 6.1 级地震,破坏范围达到(69.5~70.1,36.8~37.3)。但寿仲诺的预报只因比震中纬度大0.4°而被定为错误,扣 1.32 分("校准得分",表 11 中第 13 项,"准确性"中"*")。类似地,震级误差大于 0.2 并非罕见(表5、表7),而寿仲诺的预报中只因比报道震级分别大 0.2 级和 0.1 级而被扣 0.46 分和 0.86 分(表 11 中第 44 和 48 项,"准确性"中"*")。这样,共扣去 2.64 分。

3.8 预报失误的原因

首先,低质量的卫星图像是产生预报面积失误的主要原因。虽然办姆地震云清楚地显示震中(图10),但大多数地震云不显示,例如伊兹米特地震云(图27)。不显示震中的加拿大地震云(图35)使寿仲浩产生了一个面积失误(表10 和表 11 中第 61 个预报)。本书第 2.5 节将卫星图像质量问题归因于一个人为最高温度界线(69℃),它掩盖了最热的喷口和次热邻域间的色度差。这个卫星图像的质量问题和寿仲浩作为探索者经验的缺乏导致的 8 个面积失误共扣 1.925 分(表 11 列"地点"的"0",即第 11、12、38、40、53、55、61 和 62 项依次扣 0.27、0.46、0.12、0.49、0.24、0.30、0和 0.05)。

其次，第 2 章还讨论过低精度的卫星图像，导致不能区别一个大地震或一群中等地震，例如印度洋地震云（图 39b）和表 11 预报第 41 项。由此产生了 4 个震级错误（表 11"准确性"中"#"，即第 37、41、54 和 55 项分别扣 0.22、0、0.32 和 0.30），共扣 0.84 分（第 55 项还有面积错误）。

再次，在预报时间方面，作为一个探索先驱，寿仲浩不知道蒸汽喷发到地震发生要多长时间（图 43b），由此产生了 11 个在时间方面的错误，共扣 5.616 分（表 11 列"时间"中的"0"，即第 7、14、15、21、26、36、39、47、49、58 和 63 项分别扣 0.39、0.47、0.72、0.43、0.69、0.10、0.22、0.43、1.17、0.31 和 0.68）。

最后，本章前 7 节已经讨论了由于作者过于严格的假定，已经产生了 2.64 分扣分（表 11 中的"*"）。

上述 4 个问题不但产生了全部的负分数，而且降低了所有的正分数，例如表 11 第 24 项阿富汗地震预报因为地震云发生在卫星图像的边界且卫星图像没有坐标，因此它的预报面积窗口加大到（25~41，53~105）。本书已经讨论过假如寿仲浩能够收到邓迪（Dundee）的印度洋卫星图像（IODC），面积能够至少缩小 95%，使该预报的概率缩小到 0.02，而分数增加到 3.85 分。上述分析显示了失误的种种原因。在删除错误的后震概率后，寿仲浩的 63 个独立预报和 81 个全部预报的 P 值依次为 0.001 和 0.002。这是一个非常好的成绩，不是任何随机猜测能够达到的。但这些 P 值还不足以代表地震蒸汽前兆的真实价值，而仅仅代表一个探索者克服种种困难所获得的一点成绩。

3.9　蒸汽前兆的价值

尽管寿仲浩的办姆地震预报是杰出的，它的概率接近于 0。但它远不及蒸汽前兆本身，用办姆云喷口把震中预报在办姆，而寿仲浩却把面积扩大到 AB 之间（图 10），远远超过喷口。但这是探索者的过失，丝毫无损地震蒸汽本身的价值。

寿仲浩预报的震级"大于或等于 5.5"，是在匆忙的情况下作出的，因为他与台网的连接断了 4 天。预报后寿仲浩紧急查找数据以核实震级。当他发现伊朗南部 5.6 级地震云（图 44）的喷发时间只有 10 小时，顿时急得满头大汗，连忙把震级扩大到大于或等于 6.5（接近美国地质调查局发布的 6.8 级）。当他打开电子邮箱，想将这个改动告诉伊朗朋友，让他们有所准备时，却发现两封贺信：一封来自中国灾害防御协会陈一文先生；另一封来自土耳其西列特·奥尔赫（Orhan Cerit）教授，他们热烈地祝贺寿仲浩办姆地震预报成功（见书后附录）。这次预报震级偏低，只与探索者的经验和台网的连接有关，与蒸汽前兆本身无关。

寿仲浩预报的时间窗口是 60 天，而 2003 年 12 月 25 日的第二次办姆地震云

(图 13)和第二次温度峰值(图 12)的时间窗口只有 1 天。这 60 天与 1 天的巨大差别不是来自蒸汽前兆本身,而是来自探索者还未掌握蒸汽前兆的基本特性。事实上,第二次温度峰值和第二次蒸汽喷发分别是寿仲浩在 2011 年和 2012 年发现的。

蒸汽前兆能够把时间、地点和震级窗口缩小到无与伦比的精确,这才是蒸汽前兆的真正价值。当我们充分理解蒸汽前兆时,它还能够检验地震数据的质量。例如震中的精度(图 10、图 20、图 30、图 32、图 43a、表 2、表 5 等)和数据的遗漏(表 5)。

3.10　其他的预报方法

盖勒等人(Geller, et al., 1997)批评"成千上万观察到的据称为异常现象(地震学、地震大地测量、水文、地球化学、电磁学、动物行为等),都称为地震前兆。但一般而论,这些所谓的前兆现象仅仅出现在地震发生以后。这些据称为前兆的模型,从一个地震到另一个地震,变化很大。并且这种所谓的异常,只出现在一个点而不是在整个震中区域。异常这个术语,没有客观的定义,没有一个物理的模型来连接前兆与地震,统计数据不足。还没有把自然与人为的因素排除在外"。上述这些论点都是有道理的,尽管他们宣称地震不能预报缺乏证据。下面将引证各种预报的实例,并讨论它们的问题。

(1)海城地震预报

海城地震研究代表团(Haicheng Earthquake Study Delegation, 1977)宣称:海城地震预报"是一个非凡的成就",是在全世界范围内第一次重大地震被正确预报。从1970 年起中国地震学家们采用测地学发现辽宁半岛隆起大约 33 毫米,并预报了在1975 年前 6 个月在营口 - 大连 - 丹东将有一次 5.5~6 级的地震。1975 年 2 月 4 日当地时间 8:00 在辽阳发生的一次 4.8 级地震,科学家们把它作为前震。海城、营口和鞍山的地方政府和公众组织在当地时间 14:00 左右召开了疏散紧急会议。然后,紧急避难所、医疗队开始准备。当地时间 19:36 一个 7.3 级的地震发生,给海城、营口和鞍山依次造成烈度 9 级、8 级和 7 级的破坏(图 53)。海城地震研究代表团(Haicheng Earthquake Study Delegation, 1977)宣称前震活动是空间与时间上最重要的临震依据。

然而盖勒等人(Geller, et al., 1997)否认这个成就,并指出它与全蓉道(1988)报告的"1 328 人死亡和 16 980 人受伤"相矛盾。

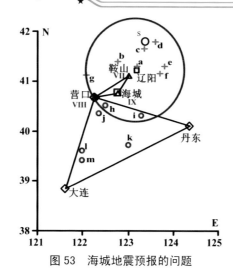

图 53　海城地震预报的问题

注：1975 年 1 月 13 日，中国地震局在研讨会上预报该年的前 6 个月在营口 - 大连 - 丹东（蓝边三角形）有一次 5.5~6 级地震。2 月 4 日 LT 8：00 辽阳 4.8 级最大"前震"（红边正方形）据称促使市革委会 LT 14：00 召开紧急会议，把预报面积改成海城 - 营口 - 鞍山（黑三角形）并进行紧急疏散。LT 19：36 地震发生，它们的烈度依次为：9 级、8 级和 7 级。红圈表示以辽阳为中心，半径为 100 km 的圆。字母 a~m 依次表示灯塔、辽中、苏家屯、东陵、本溪、南芬、盘山、大石桥、岫岩、盖州、庄河、瓦房店和普兰店，s 代表沈阳。海城地震预报和地震数据来自海城地震研究代表团（Haicheng Earth-quake Study Delegation，1977）。图中城市坐标来自世界地图集、WU 和谷歌（Google）地图（http://maps.google.com/）。

　　此外，许多大地震（如唐山地震、北岭地震和办姆地震等）都没有前震，即前震并非临震依据，且会漏报。相反，1997—1998 年在北加利福尼亚州孟马镇（Mammoth，37.3~37.8，-119.1~-118.6）突然每天发生成百上千个中小地震。因为这个现象，许多朋友劝寿仲浩作一个大地震预报，但他坚决地谢绝了，因为没有发现大的地震云。图 54 中所有地震的最高震级只有 5.1 级。这一事实表明，高密度的前震不一定产生大地震，即前震还会虚报。再则，如果辽阳的 4.8 级前震确实引发海城 7.3 级地震，那么孟马 5.1 级前震也应引发类似地震，但无事实证明。上述前震既会漏报，又会虚报的事实否定了海城地震研究代表团（Haicheng Earthquake Study Delegation，1977）所称的前震活动是空间与时间上最重要的临震依据的结论。

　　1975 年短期预报的面积是营口、大连、丹东（图 53 蓝三角形），没有包含海城。辽阳的 4.8 级前震被称为用来缩小短期预报的面积到紧急预报的海城、营口、鞍山（图 53 黑三角形）。但是辽阳本身和它的邻域（图 53 红圈）却被排除在外，原因不明。其次，在预报区内至少有 30 万人，没有一个人证。再次，这个所谓前震发生在 2 月 4 日当地时间 8：00，紧急会议在 14：00 开始，而这个破坏性地震发生在当地时间 19：36，有没有可能在这么短的时间内和这么冷的天气疏散至少 30 万人？这个紧急预报是否显得太神奇了呢？然而，短期预报尽管是错的，它还是有价值的，因为在此前还没有类似的预报。

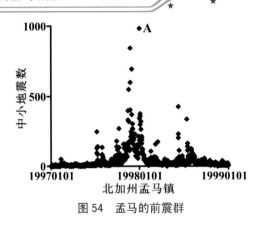

图 54　孟马的前震群

注:孟马是北加利福尼亚州的一个小镇。1997—1998 年,有新闻持续报道该地每天小地震成百上千。点 A 表明 1998 年 1 月 2 日小震达 982 个。地震数据来自 USGS。

(2)唐山地震预报

中国科学家运用测地法发现,靠近唐山东南面大地在 1967—1968 年每年隆起 19 mm,而 1968—1969 年在临近唐山的西北隆起 24.1 mm。1970 年,他们作出一个官方预报,在北京、天津、唐山地区将有一次大地震(尽管唐山本地没有形变)。在 1970 年以后,这种形变减弱了(谢觉民,黄立人,1987;张郢珍,1981)。假如中国科学家在 1970 年以后开始测量,他们就不能发现上述数据。因此,测地法会漏报。唐山地震没有前震(张郢珍,1981)。因此,前震也会漏报。尽管唐山地震预报没有时间窗口,但这个预报还是有意义的,因为它是地震预报的萌芽,且有微小(接近于零)的概率。

(3)洛杉矶地震预报

始于 1996 年,由美国宇航局(NASA)和美国地质调查局(USGS)的 10 位科学家组成的专家小组,用全球定位系统(GPS)和位移传感器在洛杉矶周围创建了一个连接多个卫星的巨大监察网。他们在 1999 年 8 月 3 日预报,"下一个大地震将在洛杉矶发生"。

一位住在北岭且经历地震的妇女在午夜写电邮给寿仲浩,说她吓得怎么也睡不着觉,请求立即告诉她地震会不会发生。寿仲浩立即回复,说他们的预报是完全错误的。首先,测地法不是一个短期前兆,中国有科学家曾在 1970 年就预报了唐山地震,但地震发生在 1976 年。其次,1999 年 7 月 26 日卫星图像(图 42b)显示加利福尼亚州这段时间有两个热区:一个在棕榈泉(Palm Spring)、兰德斯(Landers)附近,另一个在加州和内华达州边界的中部。1999 年 8 月 3 日,ABC 电视台报告南加利福尼亚州的最高温度接近上述棕榈泉、兰德斯,那天达到 42.8 ℃。这些异常温度预示下一个大地震将发生在这些热区。

　　为了回答无数恐慌的人们,寿仲浩 8 月 10 日在网上发表"加利福尼亚州地震形势分析"(见书后附录)并附上卫星图像(图 42b)。在分析中他明确预报,下一个大地震不在洛杉矶,而在上述两个热区中的一个。1999 年 10 月 16 日在赫克托矿(Hector Mine)发生的 7.4 级地震证明了寿仲浩预报的成功(见第 2.2 节)。此外,迄今还没有大地震发生在洛杉矶。

　　(4)测地前兆

　　海城地震预报与唐山地震预报的案例说明,测地前兆在面积的预测上可能有作用,且适合于长期预报(2~8 年)。1970 年以后,围绕唐山的形变减弱和唐山本身没有多少形变这一事实(谢觉民,黄立人,1987;张郢珍,1981)暗示了测地前兆的方法可能有漏报。洪水能够产生大地倾斜(Haicheng Earthquake Study Delegation, 1977),人类活动也能影响大地测量数据(Clarke, 2001),因此大地测量前兆可能产生虚报。另外,测地前兆耗费巨大,例如洛杉矶地震预报耗费数千万美元(Clarke, 2001)却以失败告终。

　　另一方面,在唐山地震前 4 天,唐山第十中学的地震观察井井壁倾斜(蔡永恩,等, 1987);在海城地震前 16 小时,营口西板柚气象站的倾斜仪停止工作(Haicheng Earthquake Study Delegation, 1977)。这些结果值得注意。但测地法如何避免虚报漏报,缩小时间、地点窗口和节约资金仍有待进一步研究。

　　(5)帕克菲尔德地震预报

　　美国地质调查局(USGS)把帕克菲尔德(Parkfield)(约 36, -120.5)作为圣安地列斯断层(San Andreas)上的一个特例。在那里,大地震按 22 年的周期发生(Thatcher, 1992)。这个假设的依据是历史上那里的 6 个大地震,它们依次发生在 1857 年、1881 年、1901 年、1922 年、1934 年和 1966 年。1985 年 4 月,美国地质调查局预报在 1993 年前在帕克菲尔德将有一次 6 级或以上地震。1985 年 9 月,美国地质调查局与加利福尼亚州矿业地质分部联合创建世界上最密集的综合仪表地震监测区。因为在 1934 年和 1966 年两个 5 级地震后大约 17 分钟各发生了一个 6 级地震(Langbein, 1992),于是,他们将"前震"当做规律用来预报下一次地震。

　　1992 年 10 月 20 日 UTC 5:28,一个 4.7 级的地震发生在帕克菲尔德。美国地质调查局在 5:46 立即预报帕克菲尔德在 72 小时内将有一次 6 级或以上地震,但实际上没有任何地震发生(Langbein,1992)。1993 年 11 月 15 日 UTC12:25,帕克菲尔德发生了一次 4.9 级地震。美国地质调查局又立即预报:帕克菲尔德在 72 小时内将有一次 6 级或以上地震,但又没有任何地震发生。这两个实例后,美国地质调查局的特性模型也就消声匿迹了。这两个实例还揭示了前震能产生误报。

当美国地质调查局第二次预报帕克菲尔德地震时，寿仲浩正好在南加利福尼亚州。许多朋友请他评论，他答95%可能性失败，因为两个相邻地震的间隔少则12年（1922年和1934年）多则32年（1934年和1966年），这个"22年的周期"根本不存在。这个特性模型仅仅是前震的一个变种。有人提出一个幽默的诘问："地球内有一个钟吗？"（Greenwood，1994）真是一针见血啊。

图55a中A~G依次展示了帕克菲尔德所有大地震的日期1857年1月9日、1881年2月2日、1901年3月3日、1922年3月10日、1934年6月6日、1966年6月28日和2004年9月28日。P_1和P_2为美国地质调查局的两个预报日期。G标绘的2004年帕克菲尔德地震没有前震，因此前震还会漏报。

图55b展示了在弗雷斯诺（Fresno）、汉福德（Hanford）、维塞利亚（Visalia）、贝克斯菲尔德（Bakersfield）和波特维尔（Porterville）温度从2004年6月12日的30.6~31.7 ℃上升到6月16日的36.7~37.8 ℃，平均升高6 ℃。这是2004年6月这5个城市的最高温度。这发生在6级地震前104天。作为对比，处于上风向的帕索罗布尔斯（Paso Robees）温度下降了10 ℃，而洛杉矶（Los Angeles）的温度变化较小。

图55c~h展示了2004年6月16~17日在南加利福尼亚州出现的地震云，它宠大的体态预示了震级6级左右。云尾指向喷口，这云出现的时间地点正好与图55b中的异常温度相吻合。地震数据显示，2004年9月28日的6级地震是从1966年6月28日至今帕克菲尔德的最大地震。云和异常温度高度吻合再次展示了地震云和地震的紧密关系。

（6）汶川后震预报

2008年5月12日，汶川8级地震后，中国地震局预报在5月19~20日在汶川将有一次6级或以上后震。但在围绕汶川 ±5°内没有大于等于5.3级地震。罹患癌症的寿仲浩，应广大网友请求在5月20日正确地预报了汶川还有两次6级或以上地震。5月25日和8月5日的两次6级地震再次展示了地震云是最可信赖的前兆。

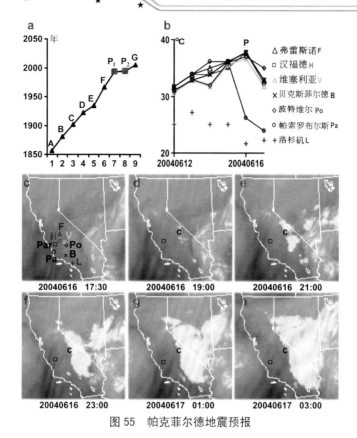

图 55　帕克菲尔德地震预报

注：图 a：A~G 表示南加利福尼亚州帕克菲尔德（Parkfield）大地震日期。P_1 和 P_2 为 USGS 向公众预报帕克菲尔德大地震日期。图 b：红三角形、粉红正方形、绿三角形、黑"×"、紫菱形、棕圆圈和蓝"+"字依次标绘弗雷斯诺、汉福德、维塞利亚、贝克斯菲尔德、波特维尔、帕索罗布尔斯和洛杉矶在 2004 年 6 月 12~17 日的日最高温度。P 点表示 2004 年 6 月 16 日弗雷斯诺、汉福德、维塞利亚、贝克斯菲尔德和波特维尔日最高温度达它们 2004 年 6 月的最高值（36.7~37.8 ℃）。6 月 12~16 日这五个城市温度平均升高 6 ℃。图 c：黑方框标绘震中帕克菲尔德，本图采用图 b 中相同的颜色标绘相同的城市。图 d~h：6 月 16 日 19：00 地震云 C 出现在帕克菲尔德附近，越变越大并持续到第二天 3：00。地震数据、温度数据和卫星图像依次来自 USGS、WU 和 NOAA。

（7）拉奎"无地震"预报

拉奎（L'Aquila）是中世纪意大利中部的一个城市。2009 年前 3 个月，一群小地震使那里的人们惊慌失措。公民保护部德·贝尔纳迪尼斯副部长（Bernardo De Bernardinis）2009 年 3 月 31 日组织了新闻发布会，会议的任务是评估地震风险。他与六名科学家组成一个委员会向公众保证没有地震危险（Hall，2011）。那里的人们有一个习惯，他们感觉一点点小震就离开家。发布会后许多人们决定留在家里。48 岁的外科医生维多利尼（Vittorini）4 月 5 日晚感到有小地震（4.2 级）时说服他的妻子与女儿留在家里，而许多年老居民却离开了家。第二天早晨便发生了 6.3 级的地震，伤亡人数众多,其中也包括维多利尼的妻子和女儿(Hall,2011)。

检察官皮库蒂(Fabio Picuti)控告德・贝尔纳迪尼斯七人过失杀人。美国科学促进会(American Society for the Advancement of Science,AAAS)发表了有5 000多人签名的给意大利主席的公开信,为受控者辩护。他们宣称地震不能短期预报,因此受控者发布"无震"预报失败无罪(Hall,2011)。2012年10月,意大利地方法官不理睬公开信,将七人判处6年徒刑(Nosengo,2012)。2014年11月,上诉法院推翻了对六名科学家6年徒刑的判决并把政府官员减刑到2年。因为科学家的律师们认为没有明确的因果关系来证明死亡和他们会议之间的关系,还认为地震学家们关于"可以保护我们免受地震伤害唯一有用的东西是一个国家的地震灾害图"是正确的。然而,许多等候在法庭外的拉奎民众反应愤怒,高喊无耻!(Abbott,Nosengo,2014)

寿仲浩同情309名遇难者和七人委员会,但又遗憾他们对地震蒸汽论的无知(Harrington,Shou,2005)。联合国在2005年2月21日至3月4日在维也纳召开的联合国科技委员会第42届会议中把寿仲浩的地震蒸汽理论发给所有成员国,包括意大利。

巧合的是,在3月30~31日新闻发布会前一天及发布会期间,地震云突然从拉奎冒出(3月30日UTC12:00图56b,青边云C),逆风向朝西南喷发(图56c,青边云C),然后顺风飘向东北(图56d)。在此期间,罗马的日最高温度达到1997—2013年共17年间同日温度的最高点(图56e),弗罗西诺内(Frosinone)产生温度异常脉冲(图56f)。类似罗马的还有弗龙托内(Frontone)、巴里(Bari)、卡利亚里(Cagliari)和那不勒斯(Naples)。类似弗罗西诺内的还有佛罗伦萨(Florence)。它们都适合第1.8节"异常温度的定义"。上述城市包含的面积或云覆盖的面积达到163 700 km²(图56a)。在这面积内,日最高温度平均升高3.7 ℃。此外,地震灾害图没有什么大用处。例如它在帕克菲尔德产生了两个虚报,还漏报了海城、北岭、办姆和2004年帕克菲尔德等地震。

(8)前震与后震

格斯滕伯格等(Gerstenberger,et al.,2005)曾发表用前震和后震应对"未来加利福尼亚州地震的实时预报",但是他们至今还没有发过一个预报。本书已经讨论过前震、后震和主震,目前都没有科学定义(Utsu,2002),因此无法把前震从一群非前震中区别开来。其次,孟马每天几十到几百次小地震连续震了2年还没有出现一个大地震(图54)。与此相反,唐山地震、北岭地震、办姆地震都没有前震。在帕克菲尔德发生的大地震中(图55i)有些有前震,而另一些没有。2001年2月28日发生的奥林比亚(Olympia)6级地震,在地震前后100天震中周围±3°范围内既无前震,也无中等后震。作为一个地震前兆,前震缺乏充分的依据。同时,汶川后震预报表明,用主震预报后震也有困难。

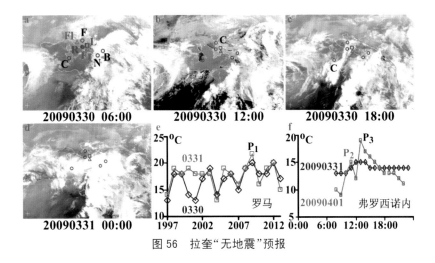

图 56　拉奎"无地震"预报

注：图 a：红正方形 L 以及红圈 R、F、B、C、N 和粉红三角形 Fl、Fr 依次标绘拉奎、罗马、弗龙托内、巴里、卡利亚里、那不勒斯、佛罗伦萨 和弗罗西诺内，红圈和粉红三角形依次表示这些城市 2009 年 3 月 29 日至 4 月 1 日的日最高温度一次或多次达到它们在 1997—2013 年同日温度的最高值或者有温度脉冲。图 b~c：青边所绘为一块来自拉奎的地震云，在 3 月 30 日 12：00~18：00 形成并向西南喷发，使图标城市（163 700 km²）温度比 3 月 28 日平均升高 3.7 ℃。图 d：3 月 31 日 0：00 地震云混入向东北移动的气象云。图 e：蓝菱形和粉红正方形依次标绘罗马在 1997—2013 年期间 3 月 30 和 31 日的日最高温度。P_1 展示 2009 年达到最高值。图 f：蓝菱形和粉红正方形依次标绘 3 月 31 日和 4 月 1 日弗罗西诺内小时温度，P_2 和 P_3 描绘了两个温度脉冲。卫星图像、地震数据和温度数据依次来自 DU、USGS 和 WU。

　　图 38 展示的 4 条线性云预报了 4 次地震，震级分别为 3.2、4.2、4.9 和 4.8。若按照前震和后震概念，3.2 级和 4.2 级是前震，4.9 级为主震，4.8 级为后震。但是这 4 次地震是在云所在的方向（38~49，-119~-118）从 1997 年 4 月 21 日到 1998 年 2 月 24 日共 310 天内仅有的大于等于 3 级的地震。4 条地震云与 4 次地震高度吻合，说明这几个地震都是独立的，没什么前震、主震和后震。

　　（9）氡前兆

　　许多科学家把氡作为地震前兆。氡是一种无色、无嗅、无味的惰性气体。它是放射元素铀或钍衰变的产物。王长岭等（1980）指出，在 1976 年松潘 - 平武的 7.2 级地震前 5 年时间和围绕震中方圆 36 km 范围内地下水异常，因此氡不是一个短期预报前兆。他们还说明，围绕着震中有 6 个喷泉，出现氡含量脉冲，而另外 3 个（其中有一个还在震中范围）却没有氡，这暗示氡可能产生漏报。

　　中国科学家们把海城出现的 4 个氡异常图呈交海城地震研究代表团（Haicheng Earthquake Study Delegation，1977），但代表团否认了。

　　西尔弗和沃基塔（Silver，Wakita，1996）发表 1995 年神户地震（Kobe）和 1978 年

伊豆大岛地震（Izu-Oshima）前包括氡前兆在内的许多前兆异常。2014 年 1 月 14 日,寿仲浩写信向沃基塔请教三个问题:"第一,你有没有一个模型来解释地震如何产生氡? 第二,你指出神户地震前 3 个月前兆异常,但我没有在你们的张力、氡和氯的曲线中发现异常,你能否告诉我你的异常的定义是什么? 第三,你为神户地震指出'在所有前兆中,主震产生和它相应的间断',我确实从神户地震中发现了张力曲线的间断,但没有从伊豆大岛的张力曲线中发现间断。你这个曲线的间断特征是否只适用于神户地震?"沃基塔在 1 月 16 日回答,他已经退休,并说:"我很抱歉,我对你的问题不回答。"

寿仲浩提出的三个问题是最基本的。知道地震怎样产生任何前兆是非常重要的,但没有一篇论文能够解释地震如何产生氡。盖勒等人（Geller, et al., 1997）批评所谓"异常"没有科学定义,这是另一个致命的问题,因此氡也不能作为地震前兆。

（10）VAN 的地电地震预报

VAN 是三个希腊科学家瓦罗索斯（Varotsos）、亚历克索普洛斯（Alexopoulos）和诺米克斯（Nomicos）名字第一个字母的缩写。他们提出一个地震在震前 11 天内会定向发射地电信号（SES）的假设,于是地电被称为能预报地震地点与时间。他们在希腊境内建立了 17 个地电检测站。每个站按东西向和南北向埋下用不同长度（例如 47.5 m、70 m 等）的二极地电接收管阵,以此来接收地电波,他们创建了一个经验公式 $[(0.32{\sim}0.37)*Log(\Delta V/l)]$ 来预报震级。这里 l 是地电二级接收管的长度, ΔV 是地电的伏特数增量。

电化学、电磁和电设备都影响着地电,例如在 15 km 内的电车能够产生地电干扰。这类干扰被称为文化干扰。可能因为文化干扰,VAN 预报"在雅典以北 100 km 处 11 天内或者在 4 月 3 日不迟于 20 天将发生一次 5 级地震",实际上只有在雅典以东到东北 144 km 处的一个 3.8 级地震可与之对应。VAN 还漏报 1989 年 3 月 19 日发生在（39.3,23.6）的一个 5.8 级地震。VAN 提出一个公式（Ms=ML+0.5）并用它宣布他们从 1988 年 5 月 15 日至 1989 年 7 月 23 日的 17 次地震预报中有 15 次成功（Varotsos,Lazaridou,1991）。

1996 年, VAN 给《地球物理研究通讯》写了一篇题为《评估地震方法的基本原则》的文章。编辑盖勒（Geller, 1996）安排了赞同派与反对派之间的辩论,并附上两组地震数据目录作为核实预报的证据。一组由希腊雅典国家天文地震研究所提供（SI-NOA）,另一组由 NOAA 提供（PDE）。所供的数据时间为 1987—1989 年,地点为（35~42,17~27）,震级大于或等于 5 级。这两组目录分别记录了 46 个和 39 个地震。其中 27 个是共同的,合计 58 个独立地震（表7）,震级误差为 0.3 级。

怀斯（Wyss, 1996）批评 VAN 采用了不正确的震级转换公式,否认他们的"成功"，还指出 5% 的预报没有证据来证明它们不是爆破或者其他文化干扰。怀斯和奥门（Wyss，Allmann，1996）批评 VAN 没有提供地电与地震之间关系的清楚的机械模型，还批评他们的预报参数没有精确的定义。

上述批评是正确的，但怀斯没有解释为何震级转换公式错误。图 57 展示了 VAN 的震级转换公式的问题。另外，一个预报应该有时间、地点、震级三个封闭的窗口。把地震预报在一个点，然后任意地扩大预报面积来宣布成功，这怎么可以称为地震预报呢？评审 VAN 预报的主要问题，主要是两组地震数据之间的矛盾和残缺，这使得任何结论都存在疑问。

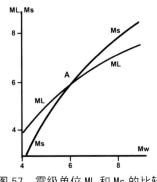

图 57　震级单位 ML 和 Ms 的比较

注：两条曲线表示矩量震级（Mw）和里氏震级（ML）及面波震级（Ms）的关系。它们有个交点 A 在 6 级左右。上图参照了文献《震级标尺和地震大小》（Kanamori，1983）和《地震震级标尺》（McCalpin，1996）。

地电现象缺乏一个物理模型来解释它的形成，作者将试用地震蒸汽模型提供一个解释。围绕震中的蒸汽、水和岩石间的摩擦，不但产生热量，而且产生电。这个电形成电场。当它的电势达到一定程度时，地电可能流向大气或者地面的另一个地方，前者形成一个闪电，使 VAN 产生一个漏报，而对于后者当监察站的观测密度不够时，也能使 VAN 产生漏报。对于一个经验方法，要建立一个地电的振幅与地震震级间的计算公式是困难的，许多因素（例如电场强度、电场的发散或集中程度、电场和传感器间的电阻、湿度等）都可能影响地电振幅。对于一个经验方法，要确定一个前兆和它后继的地震之间的间隔时间也是困难的。寿仲浩用了 17 年时间的探索，才发现蒸汽喷发和地震间的最长间隔约为 112 天。因此，VAN 的 11 天时间窗口（Vaiotsos，Lazaridou，1991）可能太小。

（11）中国电磁地震预报

坎贝尔（Campbell，1998）批评联合国"滥用公众基金支持错误的地磁前兆"。他批评中国的一些科学家用 1~22 个月的时间窗口、500 km 的面积窗口和 82.7% 的误报率,还引证这些人自己归纳的 5 个原因:"第一,仪器问题,例如仪器潮湿刻度变化等;第二,围绕着监察站的环境变化,例如监察站旁边的房子与工厂;第三,搜集到的数据过于贫乏,使我们对与地震有关的正常背景和地磁异常缺乏丰富的认识;第四,磁异常能够对应百年一遇的气候灾害(大洪水、干旱、高温、冰冻);第五,还有一些我们不知道的现象。"

2006 年 7 月 5 日至 26 日,寿仲浩收到了中国灾害防御协会顾问陈一文先生寄来的两组基于电磁的地震预报,共 17 个,没有一个是正确的(表 13a)。另一方面,2006 年 7 月 5 日至 19 日中国发生了 6 个中等地震,没有一个被报出(表 13b)。这样看来坎贝尔(Campbell,1998)的批评是正确的。但他所宣称的"确定性的短期预报在目前是不可能的"的论点则不足信。

表 13　中国电磁地震预报

a	预测日期	纬度	经度	震级	地点
	20060705~12	41.5~45.5	10.5~12.5	5.2	意大利
		-6	29	5.7	刚果－坦桑尼亚
		1~2.5	96~99	5.5	苏门答腊岛－尼亚斯
		-1~-7	120~124	5.7	守时
		58~63	-155~-151	5.5	阿拉斯加
		49~51	-130~-127	5.5	温哥华
	20060719~26	3~8	-34~-31	5.5	大西洋
		10~14	92~95	5.7	安达曼
		44~46	97.5~102.5	5.0	蒙古
		25~27	99~102	4.5	中国云南
		17~19	145~148	5.2	马里亚纳
		43~47	147~154	5.7	千岛
		51~53	-173~-166	5.8	阿拉斯加
		51~53	176~179	5.8	阿留申
		51~56	151~156	5.8	俄罗斯
		3	135	5.5	巴布亚
		-5	148	5.5	巴布亚新几内亚
b	地震日期	纬度	经度	震级	地点
	20060705	23.74	122.21	4.0	中国台湾
	20060710	48.17	117.30	4.2	中国内蒙古
	20060715	24.05	101.16	4.7	中国云南
	20060717	32.98	96.21	4.9	中国青海

续表

a	预测日期	纬度	经度	震级	地点
	20060718	32.78	77.38	4.2	中国西藏
	20060719	32.97	96.21	5.2	中国青海

注：(a)中国灾害防御协会顾问陈一文先生转交西安一地震预报专家向公众发布的两组电磁前兆地震预报给寿仲浩：一组在 2006 年 7 月 5 日 15：40（UTC 22：40）；另一组 7 月 19 日 16：10（UTC 23：10），它们的时间窗口是 7 天，共 17 个，没有一个正确。(b)2006 年 7 月 5-19 日，中国发生了 6 个地震，没有一个被预报出来。地震数据来自 USGS。

(12)地震电磁前兆

地震电磁波（SEW）前兆缺乏一个模型来解释地震如何产生它，还缺乏某种特性来区别它与其他电磁波间的不同（Karakelian, et al., 2000；САДОВСКИЙ, 1982）。萨多夫斯基（САДОВСКИЙ, 1982）报告，切尔尼亚夫斯基在 1924 年一个晴和的天气用静电仪观察到大气电位在 18 分钟内（16：00~16：18）大气电位有一个 59 V 的突然升高。然后该仪表在 5 秒钟内超过它的最大刻度 400 V（一般情况下，它需要 15 秒）。20：23 一个 4.5 级地震发生。切尔尼亚夫斯基进一步采用双丝静电仪来测量大气电位在人工地下爆破情况下的变化，并获得重要结论：①一个爆破跟随着一个明显的电势增加脉冲；②电势的突然增加和爆破的声音同时发生，但比地面震动早几分之一秒；③爆破越强，越接近监察站，电势增加越大。从而可以认为爆破与地震之间的区别是：它们电势增加的时间间隔不同。

现在我们试着用地震蒸汽论来解释地震电磁现象。电势的突然增加和爆破时间的吻合，表明了爆破气体和周围空气间的摩擦导致电势增加。像爆破气体一样，地震蒸汽伴随着高压蒸汽的突然喷发。所以，它和周围气体间的摩擦也能产生大气电位的增加。因为地震蒸汽流是不恒定的，在开头与结尾比较小，中间较大。风能够改变它的大小与方向，蒸汽流和它周围空气之间的摩擦也是变化的，变化的摩擦能够引起变化的电场。变化的电场能够产生变化的磁场，变化的磁场反过来能够引起新的变化电场。上述过程交替产生。

依赖上面假设，电磁波能够通过震前地震蒸汽与大气间的摩擦形成，这使我们能够理解为什么切尔尼亚夫斯基能观察到地震前大气电位突然升高 59 V 并超过 400 V，但这只适合完全型喷发。对不完全型喷发，有电磁波，但可能没有地震立即跟随着发生；或者由于第二次蒸汽喷发微小，没有在地震期间收到电磁波（САДОВСКИЙ, 1982）。依靠上述假定和地震蒸汽能够在地震前 112 天内产生，我们能够理解为什么表 13a 的 7 天窗口是不正确的。像地电一样，电磁波有许多干扰源，其设备耗费巨大（Karakelian, et al., 2000）。

(13)外星线性排列前兆

一些科学家认为,太阳、月亮、地球排列一直线时,会触发地震。他们指出,许多地震发生在新月和满月前后 3 天内。这种观点是错误的。在 19 年的米特尼克(Metonic)周期(公历与农历的最小公倍数)内有 235 个农历月,共计 6 940 天。因此,一个农历月平均为 29.53 天(=6 940/235)。当某人预报在新月和满月前后 3 天内有一次大地震时,时间窗口是 14 天,占一个月的 47.4%(=14/29.53)。南加利福尼亚州从 1709 年到 1999 年末的记录中,有 160 次独立的大地震,其中 74 次发生在该时间窗口 14 天内(表 14),概率为 46.3%(=74/160)。由此可见,使用新月或满月来预报地震和随机猜测基本没有区别。

表 14　地震在新月和满月出现的概率

序	日期	纬度	经度	震级	农历	准确性	地点
1	17690728	34.00	-118.00	6.0	6m24	0	Los Angeles Basin
2	18001122	33.00	-117.30	6.5	10M6	0	San Diego region
3	18080624	37.80	-122.50	6.0	5m1	1	San Francisco region
4	18121208	34.37	-117.65	7.0	11m5	0	Wrightwood
5	18121221	34.20	-119.90	7.0	11m18	1	Santa Barbara Channel
6	18360610	37.80	-122.20	6.8	4m26	0	Hayward Valley
7	1838 年 6 月	37.60	-122.40	7.0	*****	x	San Francisco Peninsula
8	18521129	32.50	-115.00	6.5	10m18	1	Volcano Lake,B.C.
9	18550711	34.10	-118.10	6.0	5M28	1	Los Angeles Region
10	18570109	34.70	-120.30	8.3	12M14	1	Great Fort Tejon earthquake
11	15870903	39.30	-120.00	6.3	7m15	1	W. Nevada or E. Sierra Nevada
12	18581126	37.50	-121.90	6.3	10M21	0	San Jose region
13	18581216	34.00	-117.50	6.0	11M12	1	San Bernardino region
14	18600315	39.50	-119.50	6.5	2m23	0	Carson City,Nevada region
15	18620527	32.70	-117.20	6.0	4m29	1	San Diego region
16	18640226	37.10	-121.70	6.0	1m19	0	S. Santa Cruz Mountains
17	18651008	37.00	-122.00	6.5	8M19	0	S. Santa Cruz Mountains
18	18660715	37.50	-121.30	6.0	96m4	1	W. San Joaquin Valley
19	18680530	39.30	-119.70	6.0	4m'9	0	Virginia City,Nevada
20	18681021	37.70	-122.10	7.0	9m6	0	Hayward fault
21	18691227	39.40	-119.70	6.3	11M25	0	Olinghouse fault,Nevada
22	18691227	39.10	-119.80	6.0	11M25	x	Carson City,Nevada region

续表

序	日期	纬度	经度	震级	农历	准确性	地点
23	18700217	37.20	-122.10	6.0	1M18	1	Los Gatos
24	18710302	40.40	-124.20	6.0	1M12	1	Cape Mendocino
25	18720326	36.70	-118.10	7.6	2M18	1	Owens Valley
26	18720326	36.90	-118.20	6.8	2M18	x	Owens Valley
27	18720403	37.00	-118.20	6.3	2M26	0	Owens Valley
28	18720411	37.50	-118.50	6.8	3m4	1	Owens Valley
29	18721112	39.00	-117.00	6.0	10M12	1	Austin，Nevada region
30	18731123	42.00	-124.00	6.8	10M4	1	Crescent City
31	18750124	40.70	-120.50	6.0	12m17	1	Honey Lake
32	18751115	32.50	-115.50	6.3	10M18	1	Imperial Vly-Colorado R. delta
33	18780509	40.10	-124.00	6.0	4M8	0	Punta Gorda region
34	18810410	37.40	-121.40	6.0	3m12	1	W. San Joaquin Valley
35	18830905	34.20	-119.90	6.3	8M15	0	Santa Barbara Channel
36	18840326	37.10	-122.20	6.0	2m29	1	Santa Cruz Mountains
37	18850412	36.40	-121.00	6.3	2m27	1	S. Diablo Range
38	18870603	39.20	-119.80	6.5	4m12	1	Carson City，Neveda region
39	18880429	39.70	-120.70	6.0	3M19	0	Mohawk Valley
40	18890519	38.00	-121.90	6.3	4M20	0	Antioch
41	18890620	40.50	-120.70	6.0	5m22	0	Susanville
42	18900209	33.40	-116.30	6.5	1m20	0	San Jacinto or Elsinore fault
43	18900424	36.90	-121.60	6.3	3M6	0	Pajaro Gap
44	18900726	40.50	-124.20	6.3	6M10	0	Cape Mendocino
45	18910730	32.00	-115.00	6.0	6M23	0	Colorado R. delta region
46	18920224	32.55	-115.63	7.0	1m26	0	Laguna Salada，B.C.
47	18920419	38.40	-122.00	6.5	3M23	0	Vacaville
48	18920421	38.50	-121.90	6.3	3M25	0	Winters
49	18920528	33.20	-116.20	6.5	5m3	1	San Jacinto or Elsinore fault
50	18940730	34.30	-117.60	6.0	6m28	1	Lytle Creek region
51	18940930	40.30	-123.70	6.0	9M2	1	Cape Mendocino region
52	18960817	36.70	-118.30	6.0	7m9	0	SE.Sierra Nevada
53	18970620	37.00	-121.50	6.3	5M21	0	Gilroy
54	18980331	38.20	-122.40	6.5	3M10	0	Mare Island
55	18980415	39.20	-123.80	6.5	3M25	0	Mendocino

序	日期	纬度	经度	震级	农历	准确性	地点
56	18990416	41.00	-126.00	7.0	3M7	0	W. of Eureka
57	18991225	33.80	-117.00	6.4	11m23	0	San Jacinto and Hemet
58	19010303	36.00	-120.50	6.4	1m13	1	Parkfield
59	19030124	31.50	-115.00	6.6	12M26	0	Colorado R.delta region
60	19060418	37.70	-122.50	8.3	3M25	0	Great 1906 earthquake
61	19060419	32.90	-115.50	6.2	3M26	0	Imperial Valley
62	19060423	41.00	-124.00	6.4	3M30	1	Arcata
63	19081104	36.00	-117.00	6.0	10M11	0	Death Valley region
64	19100319	40.00	-125.00	6.0	2M9	0	W. of Cape Mendocino
65	19100805	42.00	-127.00	6.6	7M1	1	W. of Crescent City
66	19110701	37.25	-121.75	6.5	6M6	0	Calaveras fault
67	19140424	39.50	-119.80	6.0	3m29	1	Truckee region
68	19150506	40.00	-126.00	6.2	3M23	0	W. of Cape Mendocino
69	19150623	32.80	-115.50	6.0	5m11	0	Imperial Valley
70	19151003	40.50	-117.50	7.3	8M25	0	Pleasant Valley，Nevada
71	19151121	32.00	-115.00	7.1	10M15	1	Volcano Lake，B.C.
72	19151231	41.00	-126.00	6.5	11m25	0	W. of Eureka
73	19161110	35.50	-116.00	6.1	10m15	1	S.of Death Valley
74	19180421	33.80	-117.00	6.9	3m11	0	San Jacinto
75	19180715	41.00	-125.00	6.5	6M8	0	W. of Eureka
76	19220126	41.00	-126.00	6.0	12M29	1	W. of Eureka
77	19220131	41.00	-125.50	7.3	1M4	1	W. of Eureka
78	19220310	36.00	-120.50	6.3	2m12	1	Parkfield
79	19230122	40.50	-124.50	7.2	12M6	0	Cape Mendocino
80	19230723	34.00	-117.30	6.0	6m10	0	San Bernardino region
81	19250604	41.50	-125.00	6.0	4M14	1	W. of Eureka
82	19250629	34.30	-119.80	6.3	5M9	0	Santa Barbara
83	19261022	36.62	-122.35	6.1	9m16	1	Monterey Bay
84	19261022	36.55	-122.18	6.1	9m16	x	Monterey Bay
85	19261210	40.75	-126.00	6.0	11M6	0	W. of Cape Mendocino
86	19270918	37.50	-118.75	6.0	8M23	0	Bishop region
87	19271104	34.70	-120.80	7.3	10M11	0	SW.of Lompoc
88	19320606	40.75	-124.50	6.4	5M3	1	Eureka

续表

序	日期	纬度	经度	震级	农历	准确性	地点
89	19321221	38.75	-118.00	7.2	11m24	0	Cedar Mountain，Nevada
90	19330311	33.62	-117.97	6.3	2M16	1	Long Beach
91	19330625	39.07	-119.33	6.1	5M'3	1	Yerington，Nevada
92	19340130	38.30	-118.40	6.3	12M16	1	Excelsior Mountains，Nevada
93	19340608	36.00	-120.50	6.0	4M27	0	Parkfield
94	19340706	41.25	-125.75	6.5	5M25	0	W. of Eureka
95	19341230	32.25	-115.50	6.5	11m24	0	Laguna Salada，B.C.
96	19341231	32.00	-114.75	7.0	11m25	0	Colorado R. delta
97	19370325	33.40	-116.27	6.0	2m13	1	Buck Ridge
98	19400208	39.75	-121.25	6.0	1M1	1	Chico
99	19400519	32.73	-115.50	7.1	4M13	1	Imperial Valley
100	19410209	40.70	-125.40	6.6	1M14	1	W. of Cape Mendocino
101	19410513	40.30	-126.40	6.0	4M18	1	W. of Cape Mendocino
102	19410914	37.57	-118.79	6.0	7m23	0	Tom's Place
103	19411003	40.40	-124.80	6.4	8m13	1	W. of Cape Mendocino
104	19421021	33.05	-116.08	6.5	9m12	1	Fish Creek Mountains
105	19450519	40.40	-126.90	6.2	4m8	0	W. of Cape Mendocino
106	19450925	41.90	-126.70	6.0	8M23	0	W. of Crescent City
107	19460315	35.73	-118.05	6.3	2m12	1	Walker Pass
108	19470410	34.98	-116.55	6.4	2m19	00	Manix
109	19481204	33.93	-116.38	6.5	11m4	1	Desert Hot Springs
110	19481229	39.55	-120.08	6.0	11m29	1	Verdi，Nevada
111	19490325	41.30	-126.00	6.2	2m26	0	W. of Eureka
112	19511008	40.25	-124.50	6.0	9m8	0	W. of Cape Mendocino
113	19520721	35.00	-119.02	7.7	5M'30	1	Kern County earthquake
114	19520721	35.00	-119.00	6.4	5M'30	x	Kern County
115	19520723	35.37	-118.58	6.1	6m2	1	Kern County
116	19520729	35.38	-118.85	6.1	6m8	0	Bakersfield
117	19521122	35.73	-121.20	6.0	10M6	0	Bryson
118	19540319	33.28	-116.18	6.2	2m15	1	Arroyo Salada
119	19540706	39.42	-118.53	6.6	6M7	0	Rainbow Mountains，Nevada
120	19540706	39.30	-118.50	6.4	6M7	x	Rainbow Mountains，Nevada
121	19540824	39.58	-118.45	6.8	7m26	0	Stillwater，Nevada

序	日期	纬度	经度	震级	农历	准确性	地点
122	19540831	39.50	-118.50	6.3	8M4	1	Stillwater，Nevada
123	19541024	31.50	-116.00	6.0	9M28	1	W. of Santo Tomas，B.C.
124	19541112	31.50	-116.00	6.3	10m17	1	W. of Santo Tomas，B.C.
125	19541125	40.27	-125.63	6.5	12M1	1	W. of Cape Mendocino
126	19541216	39.32	-118.20	7.1	11M22	0	Fairview Peak，Nevada
127	19541216	39.50	-118.00	6.8	11M22	x	Dixie Valley，Nevada
128	19541221	40.93	-123.78	6.6	11M27	0	E.of Arcata
129	19560209	31.75	-115.92	6.8	12M28	1	San Miguel，B.C.
130	19560209	31.75	-115.92	6.1	12M28	x	San Miguel，B.C.
131	19560214	31.50	-115.50	6.3	1m3	1	San Miguel，B.C.
132	19560215	31.50	-115.50	6.4	1m4	1	San Miguel，B.C.
133	19561011	40.67	-125.77	6.0	9M8	0	W. of Cape Mendocino
134	19561213	31.00	-115.00	6.0	11M12	1	W. shore，Gulf of California
135	19560323	39.60	-118.02	6.3	2M15	1	Dixie Valley，Nevada
136	19590623	39.08	-118.82	6.1	5M18	1	Schurz，Nevada
137	19600809	40.32	-127.07	6.2	6m17	1	W. of Cape Mendocino
138	19660628	36.00	-120.50	6.0	5m10	0	Parkfield
139	19660807	31.80	-114.50	6.3	6m21	0	Gulf of California
140	19660912	39.42	-120.15	6.0	7M28	1	Truckee
141	19680409	33.18	-116013	6.5	3m12	1	Borrego Mountain
142	19710209	34.42	-118.40	6.5	1m14	1	San Fernando
143	19761126	41.30	-125.70	6.3	10M6	0	W. of Orick
144	19791015	32.60	-115.30	6.5	8M25	0	Imperial Valley
145	19800525	37.60	-118.83	6.1	4M12	1	Mammoth Lakes
146	19800527	37.48	-118.80	6.0	4M14	1	Mammoth Lakes
147	19800609	32.20	-115.08	6.4	4M27	0	Victoria，B.C.
148	19801108	41.12	-124.67	7.2	10m1	1	W. of Eureka
149	19810426	33.13	-115.65	6.0	3m22	0	Westmorland
150	19830502	36.23	-120.32	6.5	3M20	0	Coalinga
151	19840424	37.32	-121.65	6.1	3M24	0	Morgan Hill
152	19840910	40.38	-127.15	6.7	8m15	1	Mendocino Fracture Zone
153	19860708	34.00	-116.60	6.0	6M2	1	North Palm Springs
154	19860721	37.53	-118.43	6.2	6M15	1	Chalfant Valley

续表

序	日期	纬度	经度	震级	农历	准确性	地点
155	19871124	33.07	-115.78	6.2	10M4	1	Elmore Ranch fault
156	19871124	33.02	-115.85	6.6	10M4	x	Superstition Hills
157	19891018	37.04	-121.88	7.1	9m19	0	Loma Prieta
158	19910816	41.63	-125.87	6.3	7m7	0	W. of Crescent City
159	19910817	40.28	-124.23	6.2	7m8	0	Punta Gorda
160	19910817	41.68	-126.05	7.1	7m8	x	W. of Crescent City
161	19920423	33.97	-116.32	6.1	3M21	0	Joshua Tree
162	19920425	40.33	-124.23	7.2	3M23	0	Cape Mendocino
163	19920426	40.43	-124.60	6.5	3M24	0	Cape Mendocino
164	19920426	40.38	-124.58	6.6	3M24	x	Cape Mendocino
165	19920628	34.20	-116.43	7.3	5m28	1	Landers
166	19920628	34.20	-116.83	6.2	5m28	x	Big Bear
167	19930517	37.15	-117.83	6.1	3m' 26	0	Big Pine
168	19940117	34.22	-118.53	6.7	12m6	0	Northridge
169	19940901	40.45	-125.90	6.9	7M26	0	Mendocino Fracture Zone
170	19940912	38.82	-119.62	6.0	8m7	0	Carter's Station，Nevada
171	19950219	40.62	-125.90	6.6	1m20	0	W. of Eureka
172	19991016	34.6	-116.3	7.0	9m8	0	Hector Mine，SCA

注："农历"列中 M 和 m 依次表示月大（30 天）和月小（29 天），M' 和 m' 依次表示大闰月和小闰月，"准确性"列中的"1"和"0"依次表示满月新月 ±3 天内有或无大地震，而"x"表示记录无日期或同一天内有另一地震。在 160 个独立地震中，"1"和"0"分别占 46.2% 和 53.8%。地震数据来自 SCEDC。月相数据来自于中国科学院紫金山天文台编写的 1988 年出版的《新万年历 1840—2050》。

　　还有一些人认为，太阳系的九大行星排列成一直线，能引发地震。例如一位印度博士用此方法预报在 2005 年 5 月 3~5 日，在围绕着点（30.5，79.5）半径 30 km 范围内有一次 6~6.7 级地震。陈一文先生和印度媒体技术制片公司摄影师在接到预报后不约而同地向寿仲浩咨询这个预报。寿仲浩肯定地回答"不"，理由是 8 个行星和地球成一直线时，施加给地球的合力非常小。为计算方便，我们把这 8 个行星都集中在距离地球最近的火星上。此时，它们的合力只有月球对地球引力的 0.106 倍（$=2\,662×0.384^2/0.073\,4×2\,25^2$，这里：2 662 和 0.073 4 依次为 8 个星球和月球以 1 024 kg 为单位的质量，225 和 0.384 依次为火星到地球和月球到地球的平均距离（以 10^6 km 为单位））。因为月球不能触发地震，所以行星成一直线也不能。

　　事实证明，印度博士的预报错了。从 2005 年 4 月 29 日至 5 月 9 日，整个东半球

（-90~90，0~180）没有一个大于或等于 6 级的地震。同时，从 2005 年 4 月 19 日至 5 月 18 日，在围绕预报面积 ±5°内没有大于或等于 4 级的地震。最接近预报的地震是 4 月 18 日发生在（32.7，76.4）的 4.1 级地震。它比预报震级小得多，且在预报面积 349 km 外和预报时间 15 天外。为避免类似的错误，寿仲浩 2005 年 5 月 18 日在网上发布了一个评论："月球与行星运动都不预报地震。"

（14）动物行为前兆

海城地震研究代表团（1977）报告："从 1974 年 12 月直到地震发生期间发现蛇冻死路旁，老鼠受刺激行为茫然，这些例子先发生在丹东，在离海城和辽阳各 150 km 的地方，在辽阳地震后反常行为蔓延，鹅、鸡拒绝入舍，猪攀围栏等，我们无法评估这些现象在决定发布紧急通告时的重大意义。"蒋锦昌和杜璋（1984）指出，冬眠蛇出洞有两种情况：一种是地震，这种现象发生在 1975 年 2 月 4 日海城 7.3 级地震前、1977 年 3 月 4 日罗马尼亚 7.2 级地震前和 1978 年 11 月 1 日吉尔吉斯斯坦 6.8 级地震前；另一种是因为局部气候变暖，1976 年 1~2 月山西临汾出现这种现象，但没有地震发生。这就说明，动物迁徙有各种原因，用它的行为预报地震可能有虚报。

北岭地震和办姆地震没有动物前兆报道。因此，动物前兆可能会漏报。当寿仲浩住在南加利福尼亚州帕萨迪纳时亲眼看到邻居的一只大狗在北岭地震前无任何异常反应。寿仲浩在 1997 年 3 月 6 日向美国地质调查局预报的地震于 4 月 5~6 日发生在中国新疆（表 10 中第 17 号预报）。这次地震导致 100 头牲畜死亡和 23 人受伤，却没有动物行为异常的报告。这说明，用动物行为异常预报地震会产生虚报与漏报。此外，用这些前兆来确定地震的时间、地点与震级都相当困难。

关于海城地震前冬眠蛇出洞的原因，可以用地震蒸汽模型解释。震前，震源的高热高压蒸汽可能通过微裂隙泄漏，还可能通过加热蒸发震源附近的地下水散布热量。当热量不论通过前者或后者接近冬眠蛇时，它们都会出洞进而被冻死路旁。当热量来自有机物发酵或其他原因时，冬眠蛇也会出洞，如上述 1976 年山西临汾冬眠蛇出洞事件，但不发生地震。

（15）用地震云的其他预报

吕大炯（1982）描述了古代的中国人与意大利人研究震前特殊的云，宁夏回族自治区隆德县县志（1935 重修）记载，300 多年前"天晴日暖，碧空清净，忽见黑云如缕，宛如长蛇，横亘空际，久而不散，势必地震"。

这个方法在日本与中国曾风靡一时。1978 年 3 月 6 日早上，日本前奈良市长钱田中山郎用地震云预报："一二天内在关东将发生相当大烈度的地震。"7 日上午，一个 7.8 级地震果然发生。此后，中国和日本掀起了地震云预报的短暂热潮，但日本地震学家说这不过是偶然巧合（吕大炯，1982）。在这之后，作者没有再听到钱田先生的新成功。这可能有很多原因，例如：他提出的一二天内的时间窗口太小，应扩大到 112 天（寿仲浩，2006b）；他提出的震中在地震云的垂直平分面上的法则（吕大炯，1982）也是错误的，应改成在云尾所指的方向（寿仲浩，1999）。两条错误法则如何能合成一个成功还是一个谜。

　　除了上述两条错误法则会产生误报外，地震云热潮还缺乏一个物理模型来解释地震怎样产生云，这会混淆地震蒸汽现象和气象及其他现象间的区别。把气象云或飞机云当做地震云时，会产生误报；反之，把地震蒸汽现象当做气象或其他现象时，会产生漏报。上述种种原因，使地震云热潮变得短暂。他们的失败成为寿仲浩研究地震云过程中的阻力，许多人们只知道他们用地震云预报的失败，不知寿仲浩研究的地震云与他们的地震云有本质的不同。不过，真理总能展示它令人信服的真正实力。

3.11　非蒸汽前兆的共同问题

　　莫麦尔（Mormile，1994）指出，日本花费巨资建立了一个用各种探测器组成的台网来预报地震，他们在东京附近埋设了多种传感器监测地震活动（包括岩石张力、地壳倾斜、潮水与地下水水位等），任何异常都会启动当时日本地震局首席长官的警报器。然而，他们并没有预报出 1995 年令 5 502 人罹难的神户地震。美国地质调查局（USGS）两次预报帕克菲尔德地震，两次都以失败告终。1999 年，美国地质调查局还和美国国家航空航天局（NASA）预报了洛杉矶大地震，结果至今没有发生。其他各种各样的前兆，如地球化学、地震活动的数学模型等，无一取得成功。他们的共同问题是什么呢？

　　寿仲浩认为，他们的共同问题是没有一个科学的模型来解释地震怎样引起这些前兆。例如地震怎么产生氡？为什么有些地震有前震而另一些地震却没有？其次，怎样用这些前兆来解释其他地震现象？例如：地震的热现象——1975 年海城地震前，冻结水库在阳光照不到的阴影处的冰为何会融化（Yang，1982）；唐山地震期间，灼热的喷射物烫伤一人（Shi，et al.，1980），这些灼热的喷射物从何而来。表 4 提供了来自不同机场不同时间的地面异常温度记录，这些异常温度是怎样形成的？

　　还有地震的压力现象。例如唐山地震前 11 天，一个封闭油井的原油喷出 20 m 高（Shi，et al.，1980）。再者，唐山地震怎么能喷发水柱将天花板冲破（图 2）？1983 年 10 月 28 日，爱达荷州（Idaho）地震时，为什么水柱能喷射到 34.8 m（115 英尺）高（Lane，Waag，1985）？1999 年 9 月 20 日中国台湾 7.7 级地震期间，为什么岩石喷发形成一个 4 m 宽 40 m 深的大坑（Huang，et al.，2003）？

　　还有地震蒸汽喷发现象。例如为什么北岭地震云突然像火箭一样射出并且携带热量（图5）？为什么办姆地震云像烟囱一样突然升起，持续26小时并伴随热量？而办姆地震正好发生在云喷出的地方（图9、图10）？

　　他们还有一个共同特点就是没有在实践上获得成功。作为对比，地震蒸汽前兆从地面喷口突然出现，伴随高温高压（Harrington，Shou，2005）并能解释所有以上现象。它对温度异常有科学定义（Shou，2011），而其他前兆对术语"异常"没有科学定义（Geller，1997）。地震蒸汽模型有依赖于实验数据的"脱水"特性曲线（图4），它能解释为什么蒸汽喷发能触发地震（Harrington，Shou，2005）？相反，所有其他前兆缺乏这样的特性曲线来解释为什么那些前兆能触发地震。

　　1990年1月1日至2014年3月31日，世界上所有死亡人数超过10 000人的9个大地震都有地震蒸汽前兆（表8）。2008年中国四川出现的四条强地震云，预示了四个大地震（图48），而这是在4 200 000 km²（20~40，100~120）面积内和5年多时间（2007年6月3日~2013年4月19日）仅有的四个大地震。这证明了地震蒸汽是可信赖的短期预报前兆。

　　地震蒸汽模型成功地预报了办姆地震（图10）、赫克托矿地震（图42）和寿仲浩的一组63个独立的地震预报（表11），这说明地震蒸汽模型远远胜过随机猜测（详见第3.9节）。

　　上述种种问题使各式各样的前兆预测失败（Geller，et al.，1997）。寿仲浩的预报，仅仅依靠眼睛、照相机、指南针、计算机、笔、纸和卫星云图台网，没有任何资助。相反其他前兆耗资巨大，如洛杉矶预报花费几千万美元（Clarke，2001）。

第4章

板块理论剖析

4.1 板块理论的历史

板块理论试图解释地形学、古气象学、古生物学和地震学的种种谜团。美国地质调查局（USGS）解释："一个板块就是一块巨大的刚性的固体岩石。"术语构造来自于希腊字根"建设"（build）。板块构造意指地球表面是如何由板块构造起来的。板块构造理论认为，地球的最外层被分裂为十几个或更多的大小不同的板块。它们漂浮在一个热的能移动的材料上面，相对移动。

1596 年，荷兰制图专家奥特柳斯·亚伯拉汉（Abraham Ortelius）首先提出美洲是从欧洲和非洲通过地震与洪水分裂出来的。1858 年，法国制图师斯奈德·安东尼奥（Antonio Snider）出版地图描绘了大陆漂移。

1912 年，德国气象学家韦格纳（Wegener，2002 译文）独立发表《大陆的起源》。他强烈地提出，所有大陆曾经连接在一起，构成了被称为冈瓦纳古陆（Gondwanaland）的一个超级大陆。它在大约 2 亿年前开始分裂，然后逐渐漂移到现在所在的位置。他试图解释为什么美洲和欧洲 - 非洲的海岸地貌如此极端相似；为什么热带植物与动物的化石能够从北极圈（如北格陵兰）出土？为何冰河磨损的地表能够出现在"澳大利亚、南非、南美洲尤其东印度"这样一个巨大的范围内？维基百科网站（http://en.wikipedia.org/wiki/Continental_drift）评论："韦格纳没有回答是什么力量推动板块移动"，并指出"英国地质学家福尔摩斯（Holmes，1931）提出岩浆包含对流细胞，发散放射性热量，并移动地壳"。

赫斯（Hess，1962）接纳"对流细胞"并提出"海底扩张"来解释大陆漂移，瓦（Vine，1966）用海底地磁异常支持海底扩张。勒比钦（Le Pichon，1968）和依萨克斯等（Isacks，et al.，1968）用地震震中记录线作为板块边界取代韦格纳的海岸边界。1989 年，美国内务部与美国地质调查局（USGS）发表了火山、地震和板块构造的全球图，题名为《这个充满活力的星球》（图 58）。但是，许多板块没有完整的边界，即板块还没有完全分裂开来，例如欧亚板块和北美板块之间（N_1）、北美板块与南美板块之间（N_2）等。

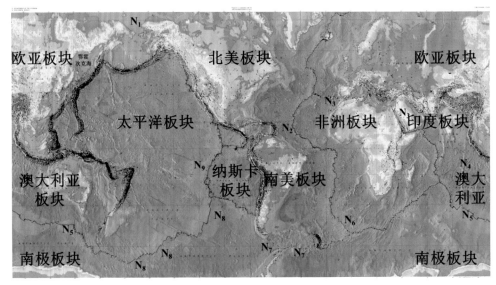

图 58　这个充满活力的星球

注: N_1~N_9 表明板块在那里没有边界。该图是 1994 年由美国内务部（U.S. Department of the Interior）和美国地质调查局（USGS）联合绘制发表的,它展示了世界火山地震陨石撞击坑和板块构造。

　　不是所有科学家都赞成板块理论,例如著名的荷兰测量家、国际测地和地球物理联合会主席维宁·迈纳斯（Vening Meinesz, 1887—1966）认为地壳的流动性是局部的,板块漂移是不可能的（http://www.egu.eu/egs/meinesz.htm）。莫斯科的地球物理研究所地球动力学部主任贝罗索夫（Vladimir Belousov, 1907—1990）发表《反对海底扩张的假设》（http://en.wikipedia.org/wiki/Vladimir_Belousov）。曼尔赫夫教授（Meyerhoof A.A, 1928—1994）和他的父亲（Meyerhoof H.A, 1899—1982）发表《新的全球构造: 主要矛盾》（Meyerhoof H.A., 1972）,指出他们和主流科学家间的争论是"瞎子摸象"（http://archives.datapages.com/data/bulletns/1971-73/data/pg/0056/0011/2250/2292.htm）。

4.2　大陆漂移说的问题

(1)美洲漂移

　　赫斯（Hess, 1962）提出,"大陆漂移的最有力的证据是南美洲和非洲从古生代后期开始的分离。"霍夫（Hough, 2002）惊叹:"没有一个小学生在看地球仪时不被一个简单明了的观察所惊奇,这个事实是两个板块曾经一度结合在一起。如果我们能够神奇地把它移向对方。"

　　依赖于计算机技术,南美洲能够精确地被模拟并且在地图上移向非洲。图 59 展

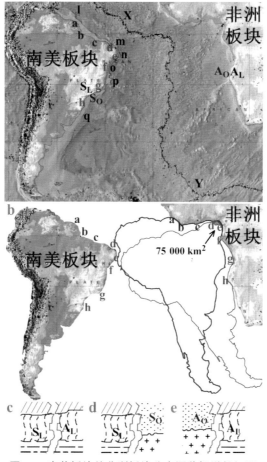

图 59　南美板块从非洲板块分离漂移假说的问题

注:图 a: a(棕色)到 h(蓝色)描绘南美洲的部分东海岸。设图中南美洲的点 S_L 和非洲的点 A_L 按韦格纳理论是一对曾经结合在一起的点, S_O 和 A_O 依次为 S_L 和 A_L 在大西洋的邻域,在大西洋的曲线 XY 是部分中洋脊和新板块构造论南美洲与非洲板块的部分边界。黑色字母 l~q 所示棕色曲线为南美洲的部分大陆架。图 b：棕色和蓝色勾画了南美洲海岸线漂向非洲并依次逆时针旋转 28° 和 44° 以达到与非洲海岸的最佳吻合。棕色轮廓线和非洲海岸线在 a~d 部分基本吻合,而蓝色轮廓线在 f~h 部分吻合,但二者都与非洲海岸有 75 000 km² 重叠部分(红色所示)。它们没有与非洲完全吻合。图 c~e:如果大陆漂移说正确的话,那么南美洲的点 S_L 和非洲的点 A_L 应当有相似的地层(如图 c),而 S_L 和它的大西洋邻域 S_O 应有不同的地层如图 d,还有 A_L 和它的大西洋邻域 A_O 也应有不同地层(如图 e)。地图来自美国内务部(USDI)和美国地质调查局(USGS)。

示了这一探索。以棕色和蓝色为海岸线轮廓的南美洲移向非洲并分别逆时针旋转 28° 和 44°,就可以最佳方式匹配非洲。然而这两个拼合方式与非洲都有大约 75 000 km² 重叠(图 59b 中红色边),因此它不能与非洲吻合。此外,一个大陆是立体的,它有大陆架。图 59a 显示大陆架(l 到 q)超出海岸线(a~h),因此即使海岸线彼此完全吻合,这两块大陆也不可能连接在一起。韦格纳(2002 译文)声称,他支持大陆漂移说最有力的理由是从欧洲过大西洋到北美洲从石炭纪（Carboniferous）开始存积的煤矿。但他的连续性论点正好否认了他的欧洲和北美洲分离的假设。证明两块大陆一度连接在一起的充分而必要的依据，是这两块大陆沿着分裂的断面有类似的地层（图59c）以及在断面和它邻接的海洋间有不同的地层（图59d~e），但没有人提供这样的证据。此外，如果美洲是从欧洲漂移过来的，地震与火山会沿着分裂的断面发生，然而在图58中没有这样的记录。

（2）石炭纪冰川

韦格纳（2002译文）认为："石炭纪（Carboniferous，约3.6亿至3亿年前）冰川是这些想法中最有力的证据之一：它们出现在南半球的许多地方却没有出现在北半球。不容置疑的冰碛出现在澳大利亚、南非、南美尤其在印度东部。"韦格纳认为，一个极地要冰封这样大的面积是不可能的，并由此得出结论：它们曾经结合在一起。因为二叠纪（Permian，约2.99亿至2.5亿年前）和石炭纪持续时间很长，这些出现在澳大利亚、南非、南美和印度东部的冰碛可能发生在不同时期（例如前后1 000年、5 000年或10 000年左右，而不是50万年在一起）。

（3）极晃动

大陆漂移说的另一个证据就是极晃动。韦格纳（2002译文）用极晃动来解释为什么热带和亚热带在第三纪（Tertiary，6500万年到260万年前）的化石出现在格陵兰岛（Greenland）、格林内尔地区（Grinnell Land）、巴伦岛（Barren Island）、斯匹次卑尔根岛（Spitzbergen）。这些地方都在树生长界线以北10°~22°的地方。为了证明这一论点，他引证了奈查斯特（Nathorst）的工作。那篇文章称，在欧洲冰川期间，当时的北极在（70，120），因此堪察加半岛（Kamchatka）、黑龙江流域（Heilongjiang lands）、库页岛（Sakalin），在当时北纬67°~68°，而斯匹次卑尔根岛、格林内尔地区、格陵兰岛依次在北纬64°、62°和51°~53°，而目前的位置依次是79°、80°和60°~80°。这使他能够解释北部地区如格陵兰的化石。但韦格纳不能解释为什么那个时期的南极（或南非）没有冰川化石。

寿仲浩提出一个假说来解决"极晃动"所遇到的困难。前面已经讨论过，地震蒸汽与地震释放巨大热量，如果地震发生频繁，即使在北极圈内温暖的气候也能使树木生长。图60展示了韦格纳讨论的一些地区和1990—2012年间在北纬40°以北震级大于或等于5级的地震位置之间的吻合，这暗示上述地区很早就有地震，并且格陵兰岛等地的热带和亚热带植物化石是因为那个时期的地震热导致的。于是，那个时期的南极（或南非）有或没有冰川化石都不影响上述的假说。

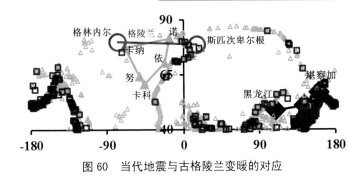

图 60　当代地震与古格陵兰变暖的对应

注:青边三角形与红边正方形分别标绘从 1990 年 1 月 1 日至 2012 年 12 月 31 日纬度高于 40°所有 5~5.9 级和大于等于 6 级的地震。绿色实心三角形标绘格陵兰的 5 个城市诺德(Nord)、卡纳克(Qaanaaq)、努克(Nuuk)、卡科尔托克(Qaqortoq)和依托夸罗米塔(Ittoqqortoormiit)。粉红圈描绘格林内尔和斯匹次卑尔根岛,这两地在格陵兰岛附近"树线以北 10°~22°"(当时树线大约在北纬 60°)。黑实心正方形标绘堪察加半岛、黑龙江流域和库页岛,这些地区温度变化被认为是极晃动造成的。地震数据来自 USGS,城市与地名坐标来自谷歌(Google)。

(4)通讯时间增长不能证明大陆漂移

韦格纳(2000 译文)引用了肖特(Schott)通过从美国剑桥市(Cambridge)和英国格林尼治(Greenwich)间跨越大西洋电缆通讯时间的增长来证明大陆漂移。肖特在 1866 年、1870 年和 1892 年三次测量通讯时间差,依次为 4 小时 44 分 30.89 秒、4 小时 44 分 31.065 秒和 4 小时 44 分 31.12 秒。

通讯时间的增长只能证明电缆变长,而电缆变长有种种原因。例如两根电线杆间新安装的电缆是挺直的,随着时间的增长,它的中间渐渐下坠。这种现象到处可见。人们会说这是由于重力和风吹雨打引起的,有时还加上鸟类的重量,没有人会说这是两根电线杆在互相漂近。如果一根电线杆在美国剑桥市,另一根在英国格林尼治,电缆在海中时,电缆同样会增长,因为重力还是存在,只不过风吹雨打变成洋流,鸟类变成海生动植物而已。因此,要用电缆变长来证明大陆漂移,至少要排除重力引起的电缆变长。

4.3　韦格纳继承者研究的问题

(1)赫斯的海底扩张说

赫斯(Hess,1962)指出:"中洋脊具有高热。它们中的许多有中等程度的破裂,显示了较其他地区有较低的地震活动。"这些现象,被解释为地幔(岩浆)对流细胞的上升臂。地势的高低关联着热膨胀和因较高的温度和微裂缝而引起较低的地震活动。对流细胞直通表面。洋壳由来自海底 5 km 深处上升的地幔水合而成。产生洋壳蛇纹岩的水来自于地幔。这个地幔生成的速率和海水逐渐形成的速率相适合,它超过 40 亿年。

赫斯(Hess,1962)又说:"大西洋中洋脊真正在中央,因为对流细胞的两侧以相同的速度大约每年扩张一厘米。大陆漂移的一个比较容易接受的模型是大陆不在洋壳上漂移,而是浮在对流细胞上由它驱动(图 61d)。"

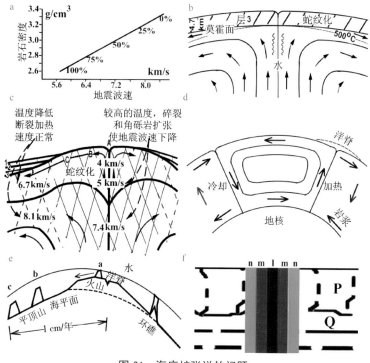

图 61　海底扩张说的问题

注:图 a:在常态下测得的地震波速度、岩石密度和蛇纹岩与水合的比例间的线性关系。图 b:500 ℃等温层的最高高度能够超过岩浆析出对流细胞的上升臂。从岩浆析出的水在 500 ℃的等温层与岩石形成蛇纹岩,这一层被认为有独特厚度的第 3 层(4.7±0.7km)并以此划分它与下面的第 4 层。图 c:展示了中洋脊日益增厚的海洋沉积层(层 1 和 2)和假设的压力(细交叉线),在那里对流改变方向:从垂直上升(到点 A)到水平(点 B 和点 C)。碎裂与高温被用来解释脊峰(点 A)低的地震传播速度,而冷却和裂缝愈合(虚交叉线)则用来解释两侧的正常速度。图 d:赫斯地幔(岩浆)对流细胞示意图。每个对流细胞都有一个热上升臂和两个冷下降臂。图 e:火山顶(点 a)、平顶山(点 b 和点 c)和环礁从洋脊顶按照速率 1cm/年迁移到两侧。图 f:P 和 Q 为初始地层。假如彩色带 l、m 和 n 表示过去从地心到海底地幔喷发的凝结层,它们应该贯穿整个洋脊来形成一个真正的海底扩张。图 a~e 是模拟赫斯说法的示意图。

这个假说似乎合理,但是下面我们讨论它的问题。第一,赫斯提到大陆漂浮最有力的证据是南美洲从非洲分离出来。但在图 59 讨论中已经指出这个"分离"的许多问题。

第二,赫斯的假说自相矛盾。他把海底分为四层:两个沉积层(sediments),厚度共 1.3 km;第 3 层是一个蛇纹岩(serpentine),厚度为 4.7 km;第 4 层是一个橄榄岩

(peridotite)，厚度为 29 km。四层厚度合计 35 km，另外地表还有 5 km 深的水。他强调，第 3 层的厚度是惊人的，因为 80% 地震波展示了它的厚度为 4.7±0.7 km，并且地震波在第 3 层平均传播速度是 6.7 km/s。按赫斯的说明，这个有惊人厚度的蛇纹岩（第 3 层）与邻接的橄榄岩（第 4 层）没有化学成分上的根本区别，仅仅是水合多少的不同。而图 61a 中地震波速度和岩石含水率关系的特性曲线却是线性连续的，即没有一个特变点来区别蛇纹岩与橄榄岩。这就是说这个"厚度"连界面都弄不清，怎能"惊人"？再者，在图 61c 的两处注解中，赫斯标明"地震波的速度随着温度的升高与裂缝的增多而降低"。这只适用于相似深度。对于不同深度，我们知道地壳越深，温度越高，但图上标明地震波速度越高。这恰好与赫斯的结论相反。

第三，赫斯所认为的岩浆和海面的距离太近。赫斯标明岩浆在上述图 61b 中第 3 层中流动，而这层到海面只有 6.3 km（Hess，1962）。但是俄罗斯库页岛附近鄂霍次克海日产 1 200 万吨的油井深达 12.376 km（http://en.wikipedia.org/wiki/Sakhalin-I），超过赫斯假设的岩浆流动深度（6.3 km）。那么，密布的油井应引起许多岩浆喷发，但无相关报道，于是赫斯的假设不真。另外，石油来自于古代海生动物。虽然地壳运动可能会导致古代生物下沉，但最大地震只引起过 40 米的坑。这样来说，150 次大地震在同一个地方才会导致石油从 6 km 沉到 12 km 深。但图 58 展示鄂霍次克海有大片无震海域。再则，许多地震是很深的。例如 2004 年 1 月 11 日斐济 6 级地震的震源深度达到 673.1 km。假如莫霍面（岩浆和地壳交界）的深度小于最深的地震，那么地震会发生在液态岩浆中，而且地壳中也不会产生巨裂。但这不符合我们的常识。可能因为无法解释以上问题，勒比钦（Le Pichon，1968）提出，岩石圈的深度达到 700 km。

第四，对流细胞模型（图 61d）缺乏证据。按照这个模型，大西洋对流细胞的西下降臂和太平洋对流细胞的东下降臂，应当和美洲对流细胞的两个下降臂成对，美洲对流细胞的两个下降臂应当有一个共同的热上升臂（红箭头）。这个上升臂，应该和大西洋与太平洋的那些上升臂一样，形成洋脊。但赫斯没有展示这样的证据。此外，他宣称下降臂释放水到海洋，这部分水按照他的假说将有 500 ℃ 左右的高温，但他也没有展示证据。

第五，用火山漂移代替海底扩张的假说缺乏逻辑性。赫斯描绘"古中生代太平洋中洋脊时，在山脊顶断裂的火山，以每年 1 cm 的速率从脊顶向两侧下滑，变成从海底上升的环礁与平顶山"（图 61e）。但是，这个模型描绘的是在海底能够自由漂移的断裂火山，而不是互相挤压的板块。海底扩张的逻辑模型应符合两点要求：第一，横切面应该如图 61f 一样，垂直带 n、m、l、m、n 表示从地球中心到海底的裂缝或喷口，重复的喷发（首先从 n 喷发，然后 m，最后 l 等）将确保裂缝或者喷口自身的扩张；第二，上述断面所示裂缝或喷口与它们相邻的裂缝或喷口间在所讨论的整个中洋脊相互连接，以确保整个洋脊扩张。用这样的模型我们就很容易划分真扩张与假扩张。

例如赫斯宣称"洋壳……起始于海底 5 000 m 深处",以此表明没有海底扩张,因为他既没有表明第 4 层是否扩张,也没表明它的邻域是否扩张。

前面已经讨论了赫斯海底扩张说的主要问题,现在用地震蒸汽模型来解释赫斯所讨论的现象。中洋脊存在着地震(图 58),因此那里有裂缝、水渗透、热流、地震蒸汽、岩石和砂的喷发和地震活动。因为地震出现在浅层的数目大于深层(图 1 显示,发生在深度 0~10 km、10~20 km 和 20~30 km 的 4 级以下地震数分别为 46、33 和 3),裂缝和水化也会是这样。如图 61a 所示,较多的水和裂缝使得岩石的密度在浅层较低,而这会使地震波在浅层的速度减慢。这与图 61c 的测量相吻合。

（2）瓦 – 马修斯 – 莫雷的磁条

磁条被认为是板块构造真正的"罗塞塔(Rosetta)石碑"(在埃及蒙菲斯的一块花岗岩石碑,上面刻有国王托勒密夫在公元前 196 年发布的一项法令,这个法令采用古埃及象形文字、通俗文字和古希腊文,它提供了古埃及关键象形文字的现代解释)。它是赢得怀疑论者的重要依据。它比象形文字简单,这些磁条被描述为中洋脊岩浆在磁极正负交替期的产物(Hough,2002)。图 62a~c 是它广为流传的示意图。这个解释后来被命名为瓦 - 马修斯 - 莫雷(Vine-Matthews-Morley)。瓦和马修斯声明,磁条现象可作为海底扩张的推论(Vine,Matthews,1963)。

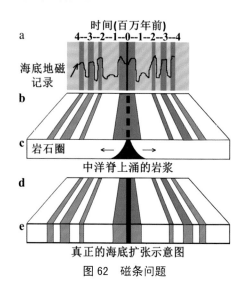

图 62　磁条问题

注:图 a~c 为"海底磁条"形成示意图。图 a:黑白平行条纹依次对应假设自古至今磁场方向正反的变化。黑色曲线表示实测海底磁场方向的交替变化。图 b:黑色虚线代表火山裂缝或岩浆流的喷口。图 c:表示岩浆上涌引起海底扩张,本图参照 Wikepedia(http://en.wikipedia.org/wiki/Vine–Matthews–Morley_hypothesis)和 Hough 的文献(2002)。图 d~e:真正海底扩张示意图。如果海底的确扩张的话,所有喷口应该连成一黑色实线(图 d),所有磁条都应该从海底直通地心岩浆层(图 e)。

前面已经讨论过赫斯的海底扩张说缺乏依据,因此它的推论也不成立。海底扩张是一个大面积的现象。它所需的证据是喷口必须连在一起,贯穿整个海底(图 62d 所示)。图 62b 黑色虚线所示喷口不连在一起,在无喷口的海底就没有扩张。此外,海底扩张还要求所有的磁条同岩浆层相连(如图 62e),而图 62b 所示黑平行条纹只依附海底,不连接岩浆层,怎能称为海底扩张?

瓦 - 马修斯(Vine, Matthews, 1963)调查了大西洋中洋脊和印度洋卡尔斯贝格脊(Carlsberg)水深和地磁性间的关系。他们提出三种异常:"第一,在暴露的或者深埋在洋脊山麓的长期异常;第二,在洋脊侧面凹凸区的短期异常;第三,与中等山谷相关的显著中心异常。"但是,他们没有提供这些术语的定义,没有在他们的图中标注这三种异常的位置,也没有解释水深何以能表达地磁。

磁条形成的模型是混沌的,瓦 - 马修斯(Vine, Matthews, 1963)称,"负异常的山谷分裂正异常为两个区域,它们对应于两侧的山脉","海底地形显示了喷出物堆积,例如火山喷发裂缝"。按照这样的论述,海底山谷的负异常应由喷出物形成,即山谷磁性强度应当是熔岩喷出物在山谷堆积厚度的函数,而不是水深的函数。瓦 - 马修斯没有说明相邻山谷的负异常怎样形成的。

为了证实他们的磁性逆转说,瓦 - 马修斯(Vine, Matthews, 1963)引证初等莫霍钻井结论:一个在加利福尼亚州巴赫海岸的莫霍钻井被宣称含有逆转磁性的玄武岩岩浆流,但其深度只有 3 568 m(Cox, Doell, 1962;Raff, 1963)。上述报告给岩石圈确定了一个厚度小于 3.6 km,比赫斯的 6.3 km 还小,更不符合实际。勒比钦(Le Pichon, 1968)提出岩石圈厚 700 km,避免了上述矛盾,但还需要验证。

(3)新板块构造论

20 世纪 60 年代末,大陆漂移说逐渐演变成新板块构造理论,板块被认为是刚性的。韦格纳用海岸线划分的板块模型被否定,而代之以地震活动带。这些活动带通过山脉、中洋脊和大部分断层相连接。例如勒比钦(Le Pichon, 1968)用地震活动带把全球划分成六个板块:美洲板块、欧亚板块、非洲板块、太平洋板块、南极洲板块和印度板块。他采用大西洋中洋脊作为美洲板块和欧 - 非板块的边界(图 63a)。他假定,板块间唯一的"修饰(modification)"会沿着某些或全部边界出现。他提出,在上新世到更新世期间(Plio-Pleistocene)世界上有五个旋转中心:南太平洋、北太平洋、大西洋、北冰洋和印度洋(图 63a 的红点),它们都在旋转,以此来支持大陆漂移说。依萨克斯(Isacks, et al., 1968)推崇勒比钦的模型,声称地震学支持新构造理论,但不知如何用新构造论来解释板块内的大地震,美国地质调查局出版用以《这个充满活力的星球》为名的地图(图 58),并为新构造论定义三种类型断层:正常(normal)、逆转(reverse)和击滑(strike-slip,图 63b)。

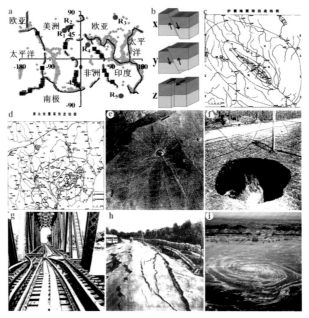

图 63　新全球构造论的问题

注: 图 a: 勒比钦(Le Pichon, 1968)用地震活动带(黑曲线)和随意(arbitrary)边界(红色)把全球分成六个板块。红点 $R_1 \sim R_5$ 依次为北太平洋、大西洋、北冰洋、印度洋和南太平洋从上新世到更新世间的五个旋转中心。黑方形为地质调查点。青色菱形为 USGS 报告在 1990 年 1 月 1 日至 2012 年 12 月 31 日间世界上所有大于或等于 6 级的地震地点。图 b: USGS 提出的三种断层类型(http://geomaps.wr.usgs.gov/parks/deform/gfaults.html): a—正常(normal), b—逆转(reverse), c—击滑(strike-slip), 箭头对表示板块相对运动方向。图 c~d: 为 1973 年炉霍 7.9 级地震和 1976 年唐山 7.8 级地震烈度图。图 e~h: 唐山地震产生的喷水冒砂、陷坑、铁路弯曲和地裂缝等。图 c~h 图片来自中国国家地震局地质研究所(1981)。图 i: 2011 年日本海啸旋涡照片(互联网上广为流传)。

勒比钦(Le Pichon, 1968)的假说是混淆的,他用地震带来划分板块,但美洲板块和欧亚板块间及美洲板块和南极板块间没有地震带(图 58)。他创造"随机(arbitrary)"带(图 63a 中的红色)来分离上述板块对,但这不能代替事实。此外,还有多处勒比钦没有注明的不连续地震带(图 58 中 $N_2 \sim N_6$ 和 $N_8 \sim N_9$)。以上事实表明,板块还没有分裂开来。此外,即使地震带如勒比钦所画是连续的,板块也没有形成,因为地震有一定深度,在更深的地方仍然是连续的,否则岩浆会尾随着大地震(至少尾随极大地震),然而印度尼西亚海啸地震和日本海啸地震没有火山喷发尾随着。这些理由,反证了新板块构造理论。当然地壳有许多窟窿,那里常有火山喷发,但它们也不划分板块。

勒比钦标明的四个旋转中心没有明确的旋转边界。他所指出唯一有边界的旋转板块是印度板块(图 63a),但它只有西部边界有数据,这是不充分的。因为如果旋转边界不是圆形的,它们的旋转就难以想象。太平洋板块被解释为有两个旋转中心,一南一北。如果旋转边界存在的话,那么板块的数目应该增加一个;否则旋转不可能存在。勒比钦一方面把大西洋分派给三个板块，即美洲板块、非洲板块和欧亚板块，另一方面又宣布它能独立于这三个板块旋转，自相矛盾。勒比钦没有把北极列为一个板块，又自相矛盾地让它像板块一样旋转。

美国地质调查局按照地震活动带把地球划分成更多板块。但是，位移断层两侧的板块有相同的地层，这说明"断层"是地震的结果，而不是原因。这些板块定义继承了两个基本问题。第一，不连续边界。比如图 58 的 N_1-N_9 由不同的地震造成，但是这并不意味着它们之间的地点会地震。第二，地震可以在板块内部形成。任何地区的第一个地震都发生在历史上没有发生过任何地震的地方，也就是没有断层的地方。因此，断层这个划分对于理解和预报地震没有太大的意义。

新板块构造论和断层模型都忽略水、摩擦、高温和高压，因此它们都不能解释真实的地震现象，例如唐山地震的喷发物烫伤一人（Shi, et al., 1980），喷出的水和砂冲破天花板（图 2）；爱达荷地震喷水的水柱达 35 m 高（Lane, Waag, 1985）；1999 年中国台湾地震喷出岩石，并造成深坑（Huang, et al., 2003）；办姆地震和办姆地震云喷口的吻合（图 10）；中国两个板内地震产生的光滑等震线（图 63c~d）；唐山地震同时产生压力、吸力而引起喷水冒砂坑，造成陷坑，同时产生推力引起铁路弯曲以及拉力引起大裂缝（图 63e~h）；2011 年日本海啸地震引起旋涡（图 63i）。

（4）合成孔径雷达干涉图和地震蒸汽论的解释

合成孔径雷达干涉测量（InSAR）是一种新技术。它可以提供地表变化或位移的地图。图 64a~c 就是这种图像。它们的原始数据来自于卫星 ERS-2（欧盟的太阳同步极地卫星）1995—2011 年的数据。依赖全球定位系统（GPS），它产生周期为 35 天的高精度叠加图像。卫星的高度总在缓慢下降，可能由此或其他原因，两个叠加图像的雷达波总有微小的相位差。当地面产生位移的时候，两个重叠图像的结合会产生干涉条纹。当两个波同相时，干涉增加；异相时，干涉削弱。当两次扫描图间有大地震发生时，这两个图的合成能够描绘地貌的变化。图 64a 和图 64c 依次展示 1997 年西藏玛依（Manyi）地震（Peltzer, 1999）和 1999 年赫克托矿地震（Peltzer, 2001）引起的变化。一个全彩色循环（蓝红黄蓝）表示地面沿着卫星的雷达线在图 64a 有 50 cm 的升降，图 64c 表示 10 cm 变化。

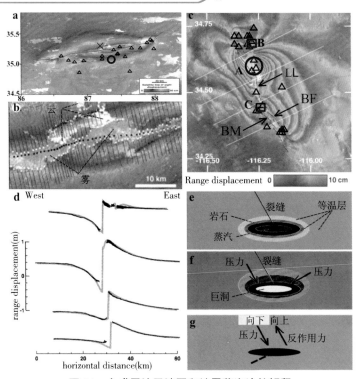

图 64 合成雷达干涉图和地震蒸汽论的解释

注：图 a：合成孔径雷达干涉图（InSAR）展示 1997 年 11 月 8 日西藏玛依（Manyi）7.9 级地震引起的地表变化。该图由三部分组成，左边为从 3 月 6 日至 11 月 16 日，中间为 8 月 19 日至 12 月 2 日，右边为 5 月 22 日至 12 月 18 日。红圈与黑"×"依次为美国国家地震信息中心（NEIC）和哈佛（Harvard）报告的震中。黑三角形标绘 1997 年 3 月 6 日至 12 月 18 日由 USGS 报告的所有中等地震。图 b：描绘玛依震中（35.1, 87.3）附近详情。白点与细黑线用以测量位移梯度，黑点为推断出的断裂点。图 a、图 b 来自于佩尔策等人的文献（Peltzer, et al., 1999）。图 c：描绘 1999 年赫克托矿地震引起的位移。黑色曲线表示用外推方法所得到的兰维克湖断层（LL）、比利翁断层（BF）和比利翁山断层（BM）。红圈 A、粉红方块 B 和 C 依次标绘 M7.4、M5.8 和 M5.7 震中。黑三角形表示所有 M4~4.9 级地震，地震数据来自 USGS。图 d：位移轮廓线，其中灰色线为推断的。图 c、图 d 来自佩尔策等人的文献（Peltzer, et al., 2001）。图 e~g：是用地震蒸汽模型来解释耳郭的光滑和地震发生的动力学过程。

　　佩尔策等人（Peltzer, et al., 1999）提出不对称弹性模型来解释玛依地震不对称耳郭（图 64a）。他们认为，这种不对称耳郭产生的原因在于地壳裂缝。图 64b 展示了震中附近干涉丢失的详情。为了推导断层位置，在丢失的两侧沿图中黑线测量位移范围到图中白点。估计位移梯度并外推到图中黑点，这一串黑点被认为是断层。

　　佩尔策等人（Peltzer, et al., 2001）指出，赫克托矿地震有复杂的断裂（图 64c），美国地质调查局的现场考察和断层东西两侧不同的位移曲线否认了非线性的不对称弹性模型。他们认为这次地震产生三个断层：兰维克湖断层 LL（Lavic Lake fault）、比利翁断层 BF（Bullion Fault）和比利翁山断层 BM（Bullion Mountain fault）。他们发现在兰维克湖断层在北纬 34.6°改变方向并且有较小的内部变形，并注意到干涉的丢失也发生在其他地震中,他们将这个现象归因于小岩石和砾石(small rocks and gravels)在强烈摇晃中产生的散射。图 64d 展示了图 64c 中四条平行线所示位置的位移轮廓,佩尔策等人(Peltzer, et al., 2001)发现了复杂的断裂、内部变形、干涉丢失和断层改变方向等现象,但没有说明什么原因导致这些现象。

地震蒸汽模型可以解释这些现象。图 64e 描绘了蒸汽喷发前震源及其周围热分布状态:巨石(黑色)内高热高压蒸汽(红色),石外等温层(粉红、淡黄和灰色)及由岩石到地面间裂缝。图 64f 描绘了蒸汽喷发后的脱水状态。岩石(黑色)的内部几乎没有蒸汽(白色)来支撑上面的重量,岩石外的等温层温度升高范围扩大,此时,岩石的断裂强度大幅度下降(图 4)。图 64g 展示了一块断裂的岩石(黑色)或者一个地震。岩石最薄弱的部分熔融和蠕动,触发岩石断裂以填满空洞并且撞击底部和反弹,产生地震和地震波。这个假说能够解释许多其他假说难以解释的现象

首先尝试解释什么原因引起合成孔径雷达干涉图不同的光滑耳郭。一个大地震通常伴随着一群地震,因为这些岩石有类似的状况,例如它们的运动、水渗透、摩擦、热积累、蒸发和脱水处于类似的水平。这些伴随地震有它们各自的等热层。这些等热层和大地震的等热层结合在一起形成了联合的光滑的等热层。这些联合的等热层能够解释图 64a 中简单的耳郭。哈佛报告的震中"×"比较精确,正好与形变最大的耳郭中心巧合。所有中等地震都在震中"×"的南面排成简单的弧形,正好与耳郭的简单不对称弧形巧合。这些联合等温层还能解释图 64c 中的复杂的耳郭,最热的赫克托矿震中(图 64c 红圈 A)正好与形变最大的耳郭中心重合,两个震中(图 64c 粉红方形 B 和 C)正好与耳郭的两个次形变中心重合。围绕着这三个中心是许多 4 级地震,它们成群,且与干涉图弧形巧合。

这一假说还能解释在北纬 34.6°断层改变方向的地方存在着小的内部变形和围绕着震中相干涉丢失的问题。震源温度能够达到 300~1 500 ℃。如此高温能使岩石熔融、蠕动、变形和断裂,因此赫克托矿震中附近内部变形和断层改变方向是不足为奇的。震源高温在震后还能持续一段时间,它能蒸发地下水,使蒸汽上升从而在震中附近形成雾和云(图 64b),它们能干扰雷达波,引起相干涉的丢失(图 64a~c)。1999年 10 月 16 日赫克托矿地震的深度接近零,因此地表应该非常炙热,最靠近震中的29 棕榈村机场(离震中 52 km)在 10 月 6 日至 18 日间没有记录到任何温度这个事实意味着热得异常(图 42d)。

本书已经讨论过断层的概念(图 63b)不能解释地震如何发生,因此它不能解释地震现象,如前述高热喷发物烫伤一人(石慧馨,等,1980)等。这些现象还包括内部变形、相干涉丢失、断层改变方向和各种雷达干涉图像的光滑耳郭。需要补充的是,图 64g 的岩石断裂可能不完全,岩石内可能保留空洞,如果在海底的话,它会形成像图 63i 所显示的旋涡。

附录：

寿仲浩地震预报的几个实例

1）1990 年 6 月 20 日北京时间 11：45 寿仲浩的第一个地震预报，正确预报了 17 小时后伊朗的 7.7 级地震。

预报时间：1990 年 6 月 20 日北京时间 11：45。

地点：杭州西略偏北远方云产生的地方。

震级：类似唐山的大地震。

证人：吴江、陈金星（见下图）。

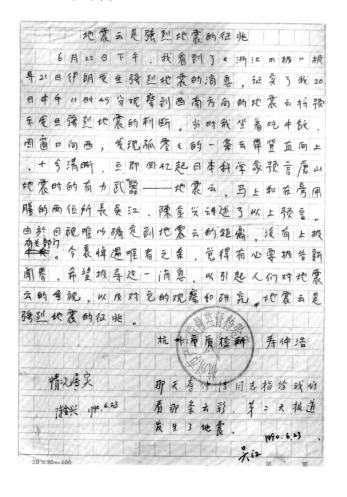

2）由美国地质调查局（USGS）签字存档的第17号独立地震预报，成功预报1997年4月6日（UTC）或4月5日（美国太平洋时间）中国新疆的6级地震。

3/6/1997　Pasadena

According to my analysis, I predict that there will be an earthquake of magnitude ≧ 6 ML in Northern China within 30 days.

the most likely place is latitude > 35° and longitude 105 ~ 115°

Zhonghao Shou

3/6/1997

Received on
03/06/97 @ 2:25p
by Linda Curtis
U. S. Geological Survey

3）由美国地质调查局签字存档的第 24 号独立地震预报，成功预报 1998 年 2 月 4 日阿富汗 6.1 级地震。

1/5/1998 Pasadena

I predict that there will be an earthquake of magnitude ≥ 6 on the Richter Scale in 25~41N and 53~105E within 44 days. (A random prediction of equal precision on that area has a 28.6% chance of being correct).
A more precise estimate is: within 30 days, 30~37 N, 58~95 E. (A random prediction of equal precision on that area has a 13% chance of being correct). The area is in Pamir, which consists of parts of Pakistan, Afchanistan, Tajikistan, and China.

Zhonghao Shou

Zhonghao Shou

01-05-98　10:10 AM
Recieved by
Linda Curtis
U.S. Geological Survey
@ Caltech

4）由美国地质调查局签字存档的第 31 号独立地震预报，成功预报 1999 年 3 月 4 日伊朗 6.6 级地震。

2/22/1999 Pasadena

According to my analysis, I predict that there will be an earthquake of magnitude ≥ 5.5 ML in Asia (20~38N, 50~100E) within 45 days.

The most likely magnitude is ≥ 6 ML.

More likely latitude is 28~38 N.

The most likely latitude is 29~35 N.

More likely longitude is 65~74 E.

The most likely longitude is 68~72 E.

More likely time is 3/1 ~ 4/1.

The most likely time is 3/5 ~ 3/30.

Zhonghao Shou

Received
2/22/99
Lucy Jones
USGS

5）由美国地质调查局签字存档的第 51 号独立地震预报，成功预报 2000 年 7 月 1 日日本 6.2 级地震。

Zhonghao Shou, 6/29/00 10:35 AM -0700, New Prediction

```
Date: Thu, 29 Jun 2000 10:35:55 -0700 (PDT)
From: Zhonghao Shou <zhonghao_shou@yahoo.com>
Subject: New Prediction
To: Linda Curtis <linda@usgs.gov>

Dear Linda Curtis, I have to see the dentist now.  So,
I write a new prediction to you. 6/29/2000 Pasadena
According to my analysis, I predict that there will be
an earthquake of magnitude >= 6 in Japan (<37N) within
52 days. More likely time is 6/29~7/25. The most
likely time is 6/29~7/10. More likely magnitude is
>=6.5 ML.  The most likely masgnitude is >=7 ML. More
likely latitude is 33~36 N. The most likely latitude
is 34~35.2 N.  More likely longitude is 138~ 140.5 E.
The most likely longitude is 139.1~139.7 E.
Zhonghao Shou


=====

Zhonghao Shou

"Earthquake Clouds and Short Term Prediction"
     http://members.xoom.com/EQPrediction/


_____

Do You Yahoo!?
Get Yahoo! Mail - Free email you can access from anywhere!
http://mail.yahoo.com/
```

Received by e-mail on 06/29/00 by Linda Curtis of USGS @ Caltech

6）由美国地质调查局签字存档的第52号独立预报，成功预报2000年7月30日日本6.5级地震。

7/5/2000 Pasadena

According to my analysis, I predict that there will be an earthquake of magnitude >= 6 ML in Japan or the East Chinese Sea (<34N, <142.5E) within 47 days.

More likely time is 7/5~8/5.

The most likely time is 7/5~7/25.

More likely magnitude is >= 6.3 ML.

The most likely magnitude is >= 6.6 ML.

More likely latitude is 25~33 N.

The most likely latitude is 29~32 N.

More likely longitude is 125~135 E.

The most likely longitude is 130~132.5 E.

Zhonghao Shou

Zhonghao Shou

Received by
Linda Curtis of USGS
on July 05, 2000
@ 3:45p

7）由美国地质调查局签字存档的非独立预报，成功预报 1999 年 6 月 15 日墨西哥 7 级地震。该预报还通过网站预报给公众。美国 ABC 电视台报道了这次预报的成功，但未列入本书表 11。

5/17/1999 Pasadeda

According to my analysis, I predict that there will be an earthquake of magnitude ≥ 5 ML in Mexico (< 29N) within 48 days.

More likely time is 5/20~6/20.

The most likely time is 5/25~6/15.

More likely size is ≥ 5.5 ML.

The most likely size is ≥ 6 ML.

More likely latitude is 17~27 N.

The most likely latitude is 22~25 N.

More likely longitude is 100~109 W.

The most likely longitude is 104~106W.

Zhonghao Shou

Zhonghao Shou

Received by Linda Curtis of U.S. Geological Survey on 05/17/99 2:55p

8）由美国地质调查局签字存档的第 57 号独立预报，精确预报 2001 年 7 月 2 日加利福尼亚州霍利斯特 4.1 级地震。地震正好击中预报附图中切白并打印"E"处。

4/3/2001 Pasadena

According to my analysis, I predict that there will be an earthquake of magnitude >=4 in the white cut area of Image 20010320 15:30, California with an error 30 km within 90 days.

More likely time is 4/3 ~ 6/3.

The most likely time is 4/10~5/10.

More likely magnitude is one 4.2~5.2 ML.

The most likely magnitude is one 4.3~4.8 ML

More likely area is in the cut place.

The most likely area is at "E" in the cut place.

Zhonghao Shou

Zhonghao Shou

Note: This is just an experiment with a big risk for study. The predicted earthquake has not been reported by the World Earthquake Database of the USGS yet.

USGS
4-3-2001

20010320 15:30

20010320 15:30

9）由美国地质调查局签字存档的第 41 号独立预报，误把印度洋 6 个 5 级地震当做 1 个 7 级地震，但这组地震是从 1994 年 5 月 27 日到 2002 年 8 月 12 日共 3 000 天内，整个印度洋唯一的一组 6 个震级大于或等于 5 级的地震群。

12/27/1999 Pasadena

According to my analysis, I predict that there will be an earthquake of magnitude ≥ 7 ML in the India Ocean (> 20S) within 46 days.

More likely time is within 1 month.

The most likely time is within 20 days.

The most likely size is ≥ 7.2 ML.

More likely latitude is 24 ~ 34 S.

The most likely latitude is 25~ 28 S.

More likely longitude is 60~ 80 E.

The most likely longitude is 67~70 E.

Zhonghao Shou

Zhonghao Shou

Received by Linda Curtis
U. S. Geological Survey
12/27/99 @ 3:45p

10）1999 年 8 月 10 日寿仲浩在网上向公众发布的赫克托矿地震预报。

EARTHQUAKE CLOUDS AND SHORT TERM PREDICTION

California Earthquake Situation Analysis

- August 10, 1999 -

Many people ask me whether places they live would be safe in an earthquake or not. I would like to tell them if they are in a safe place, but to warn them against a dangerous area, I write this essay to point out what places are relatively dangerous in order to give people time for preparedness. I hope that people living in the relatively dangerous area will not feel panic, but pay more attention to any impending danger.

A satellite image at 12:00 noon (Greenwich time) of July 26, 1999 (1) showed that there was a black triangle in a white cloud. Under the black triangle was a geothermal region, covering a part of three areas: Southern California, Western Nevada, and Northern Mexico. Is it a high coincidence? Furthermore, it looks just like the black hole of the 6.1 Afghanistan earthquake cloud on our cover page. Is it another high coincidence? How did they form?

A meteorologist from UCLA, whose field was special clouds, told me that the meteorology theory could explain neither how the hole of the 6.1 Afghanistan earthquake cloud formed, nor how the small white line-shaped cloud or the 6.1 earthquake cloud formed in the hole. While my earthquake prediction model can. According to my model, there is a hot region around a big impending hypocenter, from which geothermal energy conducts upward, and sometimes can reach to the surface before an earthquake occurs. As the thermal energy reaches to the surface, it heats up the air. The warmed air convects upward, and when it reaches to a weather cloud, a hole forms. The black hole is a clue, implying that there is an impending hypocenter there. This view was supported by my successful Afghanistan earthquake prediction on January 5, 1998.

A difference between this black triangle and that black hole is that the black triangle does not have a line-shaped cloud inside; this means that an earthquake may not come within 49 days.

On July 21, 26, 27, and 28, many earthquake clouds appeared. I photographed them, but not at the times of their initial formation. Moreover, winds confused me about where those clouds came from. The 5.6 mb California-Nevada border earthquake on August 1 was related to the earthquake clouds on July 21 which many people probably saw. But where other clouds came from is still a puzzle, and we need pay more attention to the 49 days since July 26.

Although the 5.6 California-Nevada border earthquake released part of thermal energy, the problem has not disappeared. On the evening of August 3, TV Channel 7 reported temperature of 109 degree at Palm Spring as the highest in Southern California, and the weather reporter said that he could not understand why that place was so hot. On August 4, he reported 104, the highest temperature, at Palm Spring, 90 at the northwest, 94 at the west, 84 at the southwest, and lower than 80 at other places (except both the east and southeast because of no data). This temperature distribution is harmonious with the color-relief (the darker a place, the higher its temperature) of recent satellite images (2).

Earthquakes (>=4) in 1999 are active in three regions (3). One is the black triangle , containing **Palm Springs, Landers, Imperial Valley, Volcano Lake (Mexico), and so on** . Another is the border **between California and Nevada** (Latitude > 35 N, longitude < 119 W). The other is the off coast of Northern California. This distribution is compatible with the color-relief map of satellite images (1, 2). According to the color- relief and earthquake data, I think that Los Angeles, San Francisco, San Diego, Parkfield, and Northridge will be safe this year. The coastal region is less active than the others. The black triangle indicates a dangerous place.

Since I lack research resources, and there are not enough detailed satellite images for earthquake prediction, I may miss some earthquake clouds, or be unable to determine where they came from. To help people protect themselves against big earthquakes, I propose a few photographs of important earthquake clouds (4~6). You will be able to check a cloud with those photographs. If you are rich enough, you can set up an automatic video camera to scan the sky. This will be helpful for your safety. To detect the time, I also propose other precursors such as gas, water, or oil eruption, sulfurous odor, earth noise, sudden gaps, and earth fire called "earth light".

Recently, geophysicists at **NASA's Jet Propulsion Laboratory (JPL) issued a warning that "L.A.'s Big Squeeze likely site of next major quake"**. They predicted that, **"the heart of the city will be struck"** (7). That is a good attempt.

Many seismologists insist that predicting earthquakes is impossible. They deny my work, but have not attempted to respond to my two "Yes or No" questions: Can they explain how the 6.1 Afghanistan earthquake cloud on our cover page formed? Can they make some earthquake predictions as good as mine? They should do better than me because of their rich sources and foundations.

I respect the attempt of scientists of JPL, but **do not think that next big earthquake will attack the city of Los Angeles**. According to my analysis, **the next big one will be in either the black triangle, or the California-Nevada border**. To detect where is the most dangerous place, I suggest residents in Southern California, Northern Mexico (latitude > 28 N), and Nevada (longitude > 110 W) measure outside temperature with a thermometer or a thermograph once a day between 2 and 4 a.m. for ten days, then e-mail me your data with the latitude and the longitude where the date were obtained. This action may help both me and yourselves to find the hottest or the most dangerous place roughly. In fact, the best way to figure out the most dangerous place is to make a grid net, having a distance 10 km between observation points, and use the net to measure temperatures at three depths: surface, a depth of about 0.8 meter, and 1.6 meter under the ground once a day at 2 or 4 a.m..

Finally, I should thank many people for believing my work, telling me of a web site for surface wind distribution, and offerng me their best wishes. I thank the USGS for earthquake data, thank Dundee University, UK and its web master Andrew Brooks, and Utah University for satellite images.

References

1. *Martin Kasindorf. L.A.'s Big Squeeze likely site of next major quake. USA TODAY. 8/3 3A (1999).

Home | Introduction | Publication & News | Predictions | New Predictions | Essays | Links | Contact

Sign Our Guestbook 　 View Our Guestbook

Updated: August 10, 1999 | Webmaster

　11）2003 年 12 月 24 日美国太平洋时间 16：58，寿仲浩通过网站 http：//quake.exit.com/ 向公众发布的办姆地震预报。附图一系土耳其教授索里达·奥尔汉（Orhan Cerit）的贺信，他拷贝了预报全文。红箭头指向 exit 公司自动记录的预报时间（美国太平洋时间）。附图二系中国灾害防御协会顾问陈一文（I-Wan Chen）的贺信，他转发土耳其地震预报爱好者杜鲁勒·比仁达（Bulent Doruker）附同一预报拷贝的信。下图系伊朗教授拉爱希·穆罕默德（Mohammad Raeesi）的贺信，他指出"a map of the region against me"，即震区在历史上无地震。

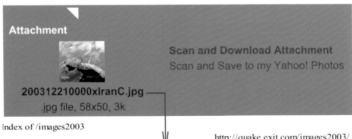

From:	"Çevre Müh. Bölümü" <muhcevre@cumhuriyet.edu.tr> 　Add
To:	zhonghao_shou@yahoo.com
Subject:	A great Job！
Date:	Fri, 26 Dec 2003 20:16:06 +0200

12/21/2003　An Iran EQ Cloud, >=5.
0:00　　　　Likely >=5.5 within 60 days

Your prediction above is a very great job.
Sincerely yours
Orhan Cerit

Attachment

Scan and Download Attachment
Scan and Save to my Yahoo! Photos

200312210000xIranC.jpg
.jpg file, 58x50, 3k

Index of /images2003　　　　http://quake.exit.com/images2003/

200312210000xIranC.jpg　24-Dec-2003 16:58　　4k
200312210000xIranCB.jpg　24-Dec-2003 16:58　　30k
200312210000xIranCB2..>　28-Dec-2003 18:49　　33k

附图一　索里达·奥尔汉的贺信

From: "Chen I-wan" <cheniwan@263.net> ☐Add to Address Book

To: "Bulent Doruker" <doruker@bnet.net.tr>, "'Quake/LarryBerg'"
<larryberg@adelphia.net>, "'Quake/CzPavelKalenda'"
<pkalenda@volny.cz>, "'Quake/EDG'" <edgrsprj@ix.netcom.com>,
"'Quake/India Shan'" <vu2rss@eth.net>, zhonghao_shou@yahoo.com

Subject: Re: Iran EQ

Date: Fri, 26 Dec 2003 22:57:27 +0800

Dear Mr. Shou Zhong-hai,

Very good!

We must congratulate you for your successful prediction!

An Iran EQ Cloud, >=5. Likely >=5.5 within 60 days

Rgds

Chen I-wan, Advisor

Committee of Natural Hazard Prediction of China Geophysics Society

----- Original Message -----

From: Bulent Doruker

To: 'Chen I-wan' ; 'Quake/LarryBerg' ; 'Quake/CzPavelKalenda' ; 'Quake/EDG' ; 'Quake/India Shan'

Sent: Friday, December 26, 2003 10:25 PM

Subject: RE: Iran EQ

Hi Chenny and All,

Mr. Zhonghao Shou's prediction based on earthquake clouds is as follows.

http://quake.exit.com/images_2003_4.htm

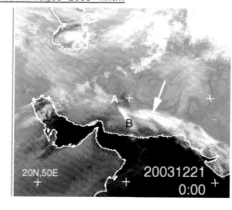

12/21/2003
0:00

An Iran EQ Cloud, >=5. Likely
>=5.5 within 60 days

Detailed info can be found on http://quake.exit.com/introduction.html

Rgds,

Bulent Doruker

附图二　陈一文的贺信

Monday 12/29/2003 11:03:31am

Name: Mohammad Raeesi

E-Mail: raeesi@geo.uib.no

Homepage Title:

Homepage URL:

Referred By: Search Engine

Location: Iranian studying Seismology in Norway

Comments: Hi,
I deeply appreciate your work and I prefer to tell the story. I was familiar with your works since one of your predictions in 1999?. When on the Dec. 26th, I received the news about the event, I was so confused that I could not think properly. I had a map of the region against me; suddenly it came to my mind one of your predictions about the same region, which was posted in 1999. Actually I had discussions with my colleagues about that prediction. I also discussed that earthquake with you. Anyway, immediately I referred to your website for searching that perdition. When I saw your recent predation, I was shocked. As an Iranian seismologist, I deeply admire the great prediction.
Best regards,
Mohammad Raeesi

附图三　拉希爱·穆罕默德的贺信

12)2004年12月14日寿仲浩在网上向公众发布的地震预报,巧中12月26日的印度尼西亚海啸地震。

注:所有在网上向公众发布的地震预报,除了指明时间窗口的,其他都用统一的粗时间窗口,即从云发生的时候算起49天(1999年)、103天(2004年)、105天(2005上半年)、112天(2005下半年)内。

12/13/2004 6:00 　　　　**A** W Indonesia　　　

(12/15 0:23) 　　　　　Geoeruption, >=5

 　200412130600xvIndone..> 　14-Dec-2004 18:23 　　5k

　200412130600xvIndone..> 　14-Dec-2004 18:23 　　43k

13) 2005 年 10 月 6 日美国太平洋时间 18：25（UTC10 月 7 日 0：25），寿仲浩向公众发布的预报成功预报 10 月 8 日巴基斯坦 8 级地震。

9/28/2005 8:00　　　　　China or Neighbor EQ Cloud,

(10/7 0:25)　　　　　　>=5, likely >=5.5

200509280800xWChinaC..>　06-Oct-2005 18:25　　4k

200509280800xWChinaC..>　06-Oct-2005 18:25　　30k

参考文献

1. ABBOTT A，NOSENGO N. Italian seismologists cleared of manslaughter. Nature，2014，515：171.

2. AHRENS C D. Meteorology today. St. Paul：West Publishing Company，1991：8~515.

3. BOLT B A. Earthquakes. New York：W H Freeman and Company，1988：135~139.

4. BOWEN N，AUROUSSEAU M. Fusion of sedimentary rocks in drill-holes. Bull Geol Soc Am，1923，34（3）：431~448.

5. 蔡永恩，殷有泉，王仁. 地震前断层蠕动与地温异常的探讨. 地震学报，1987，9（2）：167~175.

6. CAMPBELLW H A misuse of public funds：U.N. support for geomagnetic forecasting of earthquakes and meteorological disasters. EOS，1998，79：463~465.

7. 中国建筑科学研究院.1976 年唐山大地震房屋建筑灾害图片集. 北京：中国学术出版社，1986：167.

8. 中国科学院紫金山天文台. 新编万年历（1840—2050）. 北京：科学普及出版社，1988：1~212.

9. CLARKE T. Water thrown on earthquake prediction. Nature，2001，412：812~815.

10. COX A，DOELL R R. Magnetic properties of the basalt in hole EM 7 Mohole project. Journal of Geophysical Research，1962，67（10）：3997~4004.

11. COX K G. Kimberlite pipes. Sci Am，1978，238：4.

12. GELLER R. Debate on evaluation of the VAN method：Editor′s introduction. GRL，1996，23（11）：1291~1293.

13. GELLER R J，JACKSON D D，KAGAN Y Y，et al. Earthquakes cannot be predicted. Science，1997，275（5306）：1616~1617.

14. GERSTENBERGER M C，WIEMER S，JONES L M，et al. Real-time forecasts of tomorrow′s earthquakes in California. Nature，2005，435：328~331.

15. HAAS J L J. The effect of salinity on the maximum thermal gradient of a hydrothermal system at hydrostatic pressure. Eco Geol，1971，66（6）：940~946.

16. HAICHENG EARTHQUAKE STUDY DELEGATION. Prediction of the Haicheng earthquake. Eos Trans AGU，1977，58（5）：236~272.

17. HALL S S. Scientists on trial：at fault？Nature，2011，477：264~269.

18. HARRINGTON D，SHOU Z. Bam earthquake prediction & space technology. Seminars of the United Nations Programme on Space Applications（United Nations），2005，16：39~63.

19. HEATON T H，Wald D. Strong ground motions from the Northridge earthquake：Were they anomalous or a warning of things to come？ Eos Trans Am Geophys，1994，U75：44.

20. HESS H H. History of ocean basins. In petrologic studies：a volume to honor of A.F. Buddington，1962，28：599~620.

21. HOLLIDAY J R，GAGGIOLI W J，KNOX L E. Testing earthquake forecasts using reliability diagrams. Geophys. J. Int，2012，188：336~342.

22. HOLMES A. XVIII radioactivity and earth movements. Transactions of the Geological Society of Glasgow，1931，18（3）：559~606.

23. HOPKIN M. Sumatran quake sped up Earth's rotation. Nature，2004，30.

24. HOUGH S E. Earthshaking science：What we know（and don't know）about earthquakes. Princeton：Princeton University Press，2002：2~8.

25. HUANG S，JEAN J，HU J. Huge rock eruption caused by the 1999 Chi-Chi earthquake in Taiwan Geophys. Res. Lett，2003，30（16）：1858~1862.

26. ISACKS B，OLIVER J，SYKES L R. Seismology and the new global tectonics. Journal of Geophysical Research，1968，73（18）：5855~5899.

27. 蒋锦昌,杜璋. 冬眠蛇出洞时间（EHSCH）与地震关系的研究. 地震研究，1984，7（6）：725~733.

28. JONES R H，JONES A. Testing skill in earthquake predictions. Seismological Research Letters，2003，74：753~759.

29. KANAMORI H. Magnitude scale and quantification of earthquakes. Tectonophysics，1983，93：185~199.

30. KARAKELIAN D，KLEMPERER S L，FRASER-SMITH A C，et al. A transportable system for monitoring ultra low frequency electromagnetic signals associated with earthquakes. SRL，2000，71（4）：423~436.

31. KILLICK A. Pseudotachylite generated as a result of a drilling burning. Tectonophysics，1990，171：221~227.

32. KIRBY S，MC CORMICK J. Practical handbook of physical properties of rocks & minerals. Florida：CRC-Press，1990：179~185.

33. KOCH N，MASCH L. Formation of Alpine mylonites and pseudotachylytes at the base of the Silvretta nappe，Eastern Alps.Tectonophysics，1992，204：289~306.

34. KOSSOBOKOV V，ROMASHKOVA L，KEILIS-BOROK V，et al. Testing earthquake prediction algorithms：Statistically significant advance prediction of the largest earthquakes in the Circum-Pacific 1992—1997. Physics of the Earth and Planetary Interiors，1999，111：187~196.

35. LAMBECK K. The Earth's variable rotation：geophysical causes and consequences. New York：Cambridge University Press，1980：458.

36. LANE T，WAAG C. Ground-water eruptions in the Chilly Buttes area Central Idaho. Special Publications，1985：19.

37. LANGBEIN J. The October 1992 Parkfield，California earthquake prediction. Earthquakes & Volcanoes，1992，23：160~169.

38. LE-PICHON X. Sea-floor spreading and continental drift Journal of Geophysical Research，1968，73（12）：3661~3697.

39. 吕大炯. 地震云霞. 上海：学林出版社，1982：148~150.

40. LUEN B，STARK P B. Testing earthquake predictions. IMS Collections，2008，2：302~315.

41. MADDOCK R. Melt origin of fault-generated pseudotachylytes demonstrated by textures.Geology，1983，11：105~108.

42. MADDOCK R H. Effects of lithology，cataclasis and melting on the composition of fault-generated pseudotachylytes in Lewisian gneiss. Scotland Tectonophysics，1992，204：261~278.

43. MAGLOUGHLIN J F. Microstructural and chemical changes associated with cataclasis and frictional melting at shallow crustal levels：The cataclasite-pseudotachylyte connection，Scotland. Tectonophysics，1992，204：243~260.

44. MARRIS Emma. Inadequate warning system left Asia at the mercy of tsunami. Nature，2005，433：3~5.

45. MC-CALPIN J P. Earthquake magnitude scales. Paleoseismology：Academic Press，1996：Appendix 1~3.

46. MEYERHOFF A A，MEYERHOFF H A. "The new global tectonics"：Major inconsistencies. AAPG Bulletin，1972，56（2）：269~336.

47. MEYERHOFF H A. "The new global tectonics"：major inconsistencies：Reply to Donald E Mills. AAPG Bulletin，1972，56（11）：2292.

48. MOLCHAN G，ROMASHKOVA L. Gambling score in earthquake prediction analysis. Geophys. J. Int.，2011，184：1445~1454.

49. MORMILE D. Japan holds firm to shaky science. Science，1994，264：1656~1658..

50. NOSENGO N. L'Aquila verdict row grows. Nature,2012,491:15~16.

51. O'HARA K. Major- and trace-element constraints on the petrogenesis of a fault-related pseudotachylyte，western Blue Ridge province，North Carolina.Tectonophysics,1992,204:279~288.

52. PASSCHIER G. Mylonitic deformation in the Saint-Barthelemy Massif，French Pyrenees,with emphasis on the genetic relationship between ultramylonite and pseudotachylite. GUA Munic. Univ Amst. Pap Geol,1982,1:1~173.

53. PELTZER G,CRAMPE F,KING G. Evidence of nonlinear elasticity of the crust from the Mw7. 6

54. Manyi（Tibet）earthquake.Science,1999,286（5438）:272~276.

55. PELTZER G，CRAMPE F，ROSEN P. The Mw 7.1，Hector Mine，California earthquake: Surface rupture，surface displacement field，and fault slip solution from ERS SAR data. Comptes Rendus de l'Académie des Sciences-Series IIA-Earth and Planetary. Science,2001,333（9）:545~555.

56. 全蓉道.1975 年 2 月 4 日辽宁省海城 7.3 级地震.中国震例.北京:地震出版社,1988:189~210.

57. RAFF A D. Magnetic anomaly over Mohole drill hole EM7. Journal of Geophysical Research,1963,68（3）:955~956.

58. REASENBERG P A，JONES L M. Earthquake aftershocks: Update. Science， 1994,265:1251~1252.

59. 萨多夫斯基（САДОВСКИЙМА）.地震的电磁前兆.北京:地震出版社，1986:28~30.

60. 石慧馨,蔡祖煌,高名修.北京地区浅层地下水和气的异常运移与唐山地震.地震学报,1980,2（1）:55~64.

61. SHOU Z. Earthquake clouds, a reliable precursor. Sci Utopya,1999,64:53~57.

62. SHOU Z. Earthquake vapor，a reliable precursor. Earthquake Prediction. Leiden-Boston. V.S.P. Intl Science,2006:21~51.

63. SHOU Z. Precursor of the largest earthquake in the last 40 years.New Concepts Glob Tectonics,2006,41:6~15.

64. SHOU Z，XIA J，SHOU W. Using the earthquake vapour theory to explain the French airbus crash. Remote Sens. Lett.,2010,1:85~94.

65. SHOU Z. Method of precise earthquake prediction and prevention of mysterious air and sea accidents.United States Patent,2011:No.8068985.

66. SIBSON R. Generation of pseudotachylyte by ancient seismic faulting. Geophys. J. R.

Astron. Soc., 1975, 43: 775~794.

67. SILVER P G, WAKITA H. A search for earthquake precursors.Science, 1996, 273: 77~78.

68. SMYTH C, YAMADA M, MORI J, et al. Earthquake forecast enrichment scores. Research in Geophysics (Testo Stampato), 2012, 2: 7~12.

69. SPRAY J. Artificial generation of pseudotachylyte using friction welding apparatus: simulation of melting on a fault plane. J Struct Geol., 1987: 49~60.

70. SPRAY J. A physical basis for the frictional melting of some rock-forming minerals. Tectonophysics, 1992, 204: 205~221.

71. SWANSON M. Fault structure, wear mechanisms and rupture processes in pseudotachylyte generation.Tectonophysics, 1992, 204: 223~242.

72. TECHMER K, AHRENDT H, WEBER K. The development of pseudotachylyte in the Ivrea - Verbano zone of the Italian Alps.Tectonophysics, 1992, 204: 307~322.

73. THATCHER W. Scientific goals of Parkfield earthquake prediction experiment. Earthquakes & Volcanoes, 1992, 20: 75~82.

74. 国家地震局地质研究所 . 中国八大地震灾害摄影图集 . 北京:地震出版社, 1983: 1~434.

75. TUEFEL L, LOGAN J. Effect of displacement rate on the real area on contact and temperatures generated during frictional sliding of Tennessee Sandstone. Pure Appl. Geophys, 1978, 116: 840~865.

76. UTSU T. Statistical features of seismicity. International Geophysics Series, 2002, 81 (A): 719-732.

77. VAROTSOS P, LAZARIDOU M. Latest aspects of earthquake prediction in Greece based on seismic electric signals. Tectonophysics, 1991, 188 (3): 321~347.

78. VINE F J, MATTHEWS D H. Magnetic anomalies over oceanic ridges. Nature, 1963, 199: 947~949.

79. VINE F J. Spreading of the ocean floor: new evidence.Science, 1966, 154 (3755): 1405~1415.

80. 王长岭,姚庆春,龙明 . 松潘 - 平武地震前震中以北地区泉点水氡含量异常的特征及其引起原因 . 地震学报,1980 (1): 65~73.

81. WEGENER A. (VERLAG S 译 文) The origins of continents. Geol Rundsch, 2002, 3: 276~292.

82. WENK H, WEISS L. Ai-rich calcic pyroxene in pseudotachylite – an indicator of high-pressure and high-temperature. Tectonophysics, 1982, 84: 329~341.

83. WINKLER H G F. Petrogenesis of metamorphic rocks. New York：Springer，1979：348.

84. 吴起林，刘安建.海城-唐山二大地震前后油井生产动态的变化.地震学报，1983，5（4）：461~466.

85. WYSS M. Inaccuracies in seismicity and magnitude data used by Varotsos and coworkers. GRL，1996，23（11）：1299~1302.

86. WYSS M，ALLMANN A. Probability of chance correlations of earthquakes with predictions in areas of heterogeneous seismicity rate：the VAN case. GRL，1996，23（11）：1307~1310.

87. 谢觉民，黄立人.唐山地震前后的地壳的垂直运动.地震地质，1987，9（3）：1~19.

88. 杨成双.1975年海城地震前地下水异常的时空分布.地震学报，1982，4（1）：84~89.

89. ZECHAR J D，JORDAN T H. The area skill score statistic for evaluating earthquake predictability experiments. Pure and Applied Geophysics，2010，167：893~906.

90. 张德元，赵根模.唐山地震前后渤海湾地区油井动态的异常变化.地震学报，1983，5（3）：360~369.

91. 张郢珍.唐山地震前地壳的异常隆起及无震蠕动.地震学报，1981，3（1）：11~22.

92. ZHUANG J. Gambling scores for earthquake predictions and forecasts. Geophysical Journal International，2010，181：382~390.

93. HAAS J L J. The effect of salinity on the maximum thermal gradient of a hydrothermal system at hydrostatic pressure. Eco Geol.，1971，66（6）：940–946.

参考网站及网页

南加利福尼亚州地震数据中心（SCEDC）：http://www.data.scec.org/ftp/catalogs/SCSN/

美国地质调查局（USGS）：ftp://hazards.cr.usgs.gov/pde/

美国气象数据中心（NCDC）：http://www.ncdc.noaa.gov/oa/ncdc.html

英国邓迪大学卫星接收站（DU）：http://www.sat.dundee.ac.uk/pdus.html

地震云与短期预报网站（Earthquake Clouds & Short Term Predictions）：http://eqclouds.wixsite.com/predictions，过去为 http://www.earthquakesignals.com/，http://quake.exit.com）

办姆地震云动画：https://www.youtube.com/watch?v=vC-qmbONlxY

地面气象网站（WU）：http://www.wunderground.com/

印度洋海啸地震云动画：https://docs.google.com/file/d/0B3PS6mjpf0ITSnN5MHY4NFJncW8/edit?usp=sharing

对应卫星图像最深色度的人为最高温度限制（69 ℃）：http://www.oso.noaa.gov/goes/goes-calibration/G12_Img_Ch2_Rollover/G12_Ch2_Rollover_Abs.pdf

美国海洋大气管理局（NOAA）：http://www.goes.noaa.gov/

日本高知大学（Kochi）：http://weather.is.kochi-u.ac.jp/archive-e.html

英国伦敦大学学院（UCL）：ftp://weather.cs.ucl.ac.uk/Weather/

美国威斯康星大学麦迪逊分校空间科学工程中心（SSEC）：http://www.ssec.wisc.edu/

联合国人道主义事务协调厅（UNCHA）：http://wwwnotes.reliefweb.int/websites/rw-domino.nsf/069fd6a1ac64ae63c125671c002f7289/60adec26e8c12cdec12565c500395fba?OpenDocument

欧洲地中海地震数据中心（EMSC）：http://www.emsc-csem.org/cgi-bin/ALERT_all_messages.sh?1

欧洲气象卫星应用组织（EUMETSAT）：http://www.eumetsat.int/website/home/index.html

谷歌地图（Google）：http://maps.google.com/

板块（Wikipedia）：http://en.wikipedia.org/wiki/Continental_drift

板块漂移不可能（Vening Meinesz）：http://w ww.egu.eu/egs/meinesz.htm

反海底扩张假设（Vladimir Beloussov）：http://en.wikipedia.org/wiki/Vladimir_Belousov

瞎子摸象（HA Meyerhoff）：http://archives.datapages.com/data/bulletns/1971-73/data/pg/0056/0011/2250/2292.htm

库页油井深（Wikepedia）：http://en.wikipedia.org/wiki/Sakhalin-I

海底磁条形成示意图（Wikepedia）：http：//en.wikipedia.org/wiki/Vine–Matthews–Morley_hypothesis

断层（USGS）：http：//geomaps.wr.usgs.gov/parks/deform/gfaults.html

后记

有些科学家宣布地震不能预报,或按照科学的共识进行地震短期预报在技术上是不可能的。为了说明地震预报的可行性,本书在附录中展示了寿仲浩的部分大地震预报,欢迎读者按照预报的地点、震级和时间窗口的大小在将来模拟这些预报,然后检查一下模拟的成功率;还欢迎读者解释本书讨论过的地震蒸汽现象,如高温、高压、蒸汽喷发,特别是办姆地震云。

我们能在遥远的未来控制地震吗? 很可能! 本书讨论了地震与地震蒸汽的形成,并科学细致地叙述了如何精确预报地震,在理论上弄清了地震的来龙去脉。在实践方面,我们还需要克服卫星图像问题、温度数据问题和地震数据问题。如果我们能够克服上述问题,我们就能在预知地震的前提下减少它造成的损失。

人们通常将地震完全看成灾难,其实地震也有有益的一面:假如地球没有地震,它可能冻结。按照笔者的观点,历史上的冰川期出现在地震活动低的时候,于是恐龙的存在与绝迹可能联系着地震活跃的程度。

不仅如此,人类还可能驾驭地震:我们可用已经用在战争中的钻地火箭给即将发生的震源钻一个洞,并注入定量的水,部分水蒸发将降低震源的温度;其他部分水与蒸汽将填补震源的蒸汽喷发后引起的空域,来承担上面的压力,其结果可能推迟甚至避免地震。当我们用输入水来阻止地震时,我们还能利用其产生的蒸汽发电、发热和生产淡水。

2016 年,各国首脑在巴黎签订控制化石燃料协议来控制地球变暖。实际上,地震现象也能使地球变暖。比如本书列举了大量气象学无法解释的异常温度,如地面温度超过 100 ℃（表 4),出现在黄昏（LT18:20）的 24 ℃温度脉冲（图 28a）等。

我们已在书中讨论了地震与地震蒸汽,但还没有讨论与地震有关的海啸、水灾、干旱、雪灾、冰雹、龙卷风、神奇空难与海难等。这些问题及地震放热与温室效应的比较将需要另一本书专门说明。

谢谢阅读!